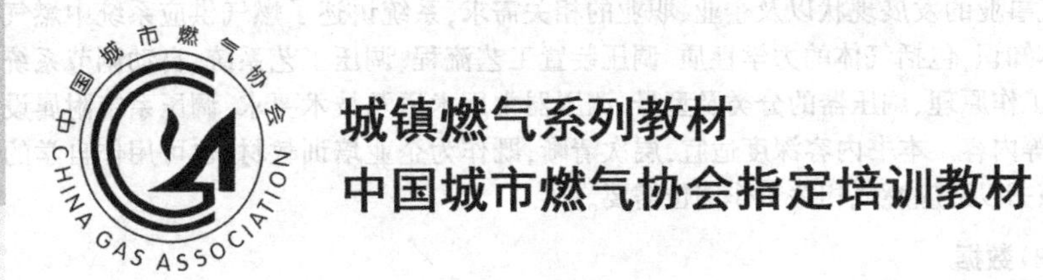

城镇燃气系列教材

中国城市燃气协会指定培训教材

城镇燃气调压工艺

（第2版）

Chengzhen Ranqi Tiaoya Gongyi

主编　吕　瀛

重庆大学出版社

内容提要

本书结合我国燃气事业的发展现状以及企业、职业的相关需求，系统讲述了燃气供应系统中燃气调压的基本理论和基本知识，包括气体的力学性质、调压装置工艺流程、调压工艺系统、自动调节系统概述、调压器的构造及工作原理、调压器的分类及型号、调压器常用术语及技术要求、调压系统附属设备、燃气调压设备消音等内容。本书内容深度适宜，层次清晰，既作为企业培训教材，也可用作自学的参考书——通过学习该书以适应燃气相关工作岗位需要。

图书在版编目(CIP)数据

城镇燃气调压工艺/吕瀛主编．--2版．--重庆：重庆大学出版社，2020.1

城镇燃气系列教材

ISBN 978-7-5624-5868-5

Ⅰ.①城…　Ⅱ.①吕…　Ⅲ.①城镇—煤气输配—压力调节器—职业教育—教材　Ⅳ.①TK325

中国版本图书馆 CIP 数据核字(2019)第 186512 号

城镇燃气系列教材

城镇燃气调压工艺

(第2版)

主　编　吕　瀛

策划编辑　李长惠　张　婷

责任编辑：张　婷　　版式设计：张　婷

责任校对：任卓惠　　责任印制：赵　晟

*

重庆大学出版社出版发行

出版人：饶帮华

社址：重庆市沙坪坝区大学城西路 21 号

邮编：401331

电话：(023) 88617190　88617185(中小学)

传真：(023) 88617186　88617166

网址：http://www.cqup.com.cn

邮箱：fxk@cqup.com.cn (营销中心)

全国新华书店经销

POD：重庆新生代彩印技术有限公司

*

开本：787mm×1092mm　1/16　印张：10　字数：250千　插页：8开1页

2011年5月第1版　2020年1月第2版　2020年1月第3次印刷

印数：3 301—4 300

ISBN 978-7-5624-5868-5　定价：29.00 元

序　言

随着我国城镇燃气行业的蓬勃发展，现代企业的经营组织形式、生产方式和职工的技能水平都面临着新的挑战。

目前我国的燃气工程相关专业高等教育、职业教育招生规模较小；在燃气行业从业人员（包括管理人员、技术人员及技术工人等）中，很多人都没有系统学习过燃气专业知识。燃气企业对在职人员的专业知识和岗位技能培训成为提高职工素质和能力、提升企业竞争能力的一种有效途径，全国许多省市行业协会及燃气企业的技术培训机构都在积极开展这项工作。

在目前情况下，组织编写一套具有权威性、实用性和开放性的燃气专业技术及岗位技能培训系列教材，具有十分重要的现实意义。立足于社会发展对职工技能的需求，定位于培养城镇燃气职业技术型人才，贯彻校企结合的理念，我们组建了由中国城市燃气协会、北京燃气集团、重庆大学、哈尔滨工业大学、北京建筑工程学院、天津城市建设学院、郑州燃气股份有限公司、港华集团等单位共同参与的编写队伍。编委会邀请到哈尔滨工业大学的段常贵教授、中国城市燃气协会迟国敬副秘书长担任顾问，北京建筑工程学院詹淑慧教授担任执行总主编，重庆大学彭世尼教授担任总主编。

本套培训教材以提高燃气行业员工技能和素养为目标，突出技能培训和安全教育，本着“理论够用、技术实用”的原则，在内容上体现了燃气行业的法规、标准及规范的要求；既包含基本理论知识，更注重实用技术的讲解，以及燃气施工与运用中新技术、新工艺、新材料、新设备的介绍;同时以丰富的案例为支持。

本套教材分为专业基础课、岗位能力课两大模块。每个模块都是开放的,内容不断补充、更新,力求在实践与发展中循序渐进、不断提高。在教材编写工作中,北京燃气集团提出了构建体系、搭建平台的指导思想,作为北京市总工会职工大学"学分银行"计划试点企业,将本套培训教材的开发与"学分银行"计划相结合,为该职业培训教材提供了更高的实践平台。

教材编写得到了中国城市燃气协会、北京燃气集团的全力支持,使一些成熟的讲义得到进一步的完善和推广。本套培训教材可作为我国燃气集团、燃气公司及相关企业的职工技能培训教材,可作为"学分银行"等学历教育中燃气企业管理专业、燃气工程专业的教学用书。通过本套教材的讲授、学习,可以了解城市燃气企业的生产运营与服务,明确城镇燃气行业不同岗位的技术要求,熟悉燃气行业现行法规、标准及规范,培养实践能力和技术应用能力。

编委会衷心希望这套教材的出版能够为我国燃气行业的企业发展及员工职业素质提高做出贡献。教材中不妥及错误之处敬请同行批评指正!

编委会

2011 年 3 月

前　言

随着我国天然气事业的发展,燃气行业的从业人员需求量越来越大,然而关于培训这部分人员所需的教材体系尚未建立,直接影响着从业人员的理论知识水平和技能水平。

《城镇燃气调压工艺》是城镇燃气职业培训系列教材之一,教材结合当今我国燃气事业的发展和应用情况,系统讲述了燃气供应系统中燃气调压的基本理论和基本知识,具体内容包括:气体的力学性质、调压装置工艺流程、调压工艺系统、自动调节系统概述、调压器的构造及工作原理、调压器的分类及型号、调压器常用术语及技术要求、调压系统附属设备、燃气调压设备消音等。

本教材第一章至第九章由北京燃气学院吕瀛编写,主编单位为北京市燃气集团有限责任公司。

本书可作为城镇燃气职业培训人员和受训人员的使用教材,也可供燃气工程设计、施工、运行管理的技术人员参考。由于编者水平有限,书中错误和不妥之处,敬请读者批评指正。

编　者

2010 年 10 月

目　录

1 气体的主要力学性质

核心知识

- 气体的主要力学性质
- 气体压力
- 气体压力的度量单位,气体压力计算

学习目标

- 了解气体的力学性质
- 理解气体压力的概念
- 掌握常用气体压力计量单位及它们之间的换算

1.1 气体的主要力学性质

在城镇燃气输配工程中，需要掌握气体的运动规律，了解气体的物理性质，利用压力来控制流量和流速。当管道输送燃气流速较高、压差较大时，气体的密度将发生显著变化，气体密度随压力和温度而变化，因而必须考虑气体的可压缩性。气体流动过程中由于气体分子之间的摩擦引起的阻碍相对运动，也是由气体的力学性质所决定。这些都与气体的压力有关。因此，气体的力学特性是学习燃气调压工艺学必须要了解的基础知识。

城市燃气属于流体，它具有流体的特性——流动性。

知识窗

气体和液体统称为流体。

流动性：流体在静止状态下不能承受切力，只要流体受到切力的作用，即使切力非常小，也要发生不断的变形，流体中各质点就要发生相对运动。流体的这个特性叫作流动性。

流体与固体受力不同：固体具有抗拉、抗压、抗切的能力；当受到一定的外力时，可产生一定的变形，只要外力保持不变，变形大小也保持不变；当外力增加到足够大时，将会被拉裂、压碎、切断。流体则大不相同，受到哪怕很微小的切力，都将发生连续变形，开始流动。

流体与固体的相同点：流体同固体一样能够承受较大的压力。

正是由于燃气的流动性,同时又能够承受较大的压力,所以,才能使人们很方便对燃气进行管道输送。

力是决定燃气流动的外因。我们要研究燃气的流动规律,了解燃气的运动状态及其改变,就有必要了解燃气的力学性质。作用于流体上的力,根据方式的不同,分为质量力和表面力。质量力是作用于流体中每一个质点上,且与其自身质量成正比。重力和惯性力均属质量力。表面力是作用于流体表面上,且与其作用面积大小成正比,包括外力和内力。

气体压力属于表面力,国际单位制为帕[斯卡],以 Pa 表示,1 Pa = 1 N/m^2,工程单位制为 kgf/m^2 或 kgf/cm^2。

切断阀:在阀体内置弹簧控制其阀口开合,当燃气压力超过预设的使阀口开启的弹簧压力时,则将阀口关闭,起到安全阀的作用。

1.1.1 密度

气体的质量常以密度来反映,对于均质气体,单位体积的质量称为密度,以 ρ 表示。

$$\rho = \frac{m}{V} \tag{1.1}$$

式中 ρ——气体的密度,kg/m^3;

m——体积为 V 的气体的质量,kg;

V——质量为 m 的气体的体积,m^3。

常温常压下，空气 $\rho=1.293\ kg/m^3$，天然气 $\rho=0.75\sim0.8\ kg/m^3$，LPG $\rho=1.9\sim2.5\ kg/m^3$。

1.1.2 重力特性

物体受地球引力的特性，称重力特性。

气体的重力特性常用容重来反映，对于均质流体，作用于单位体积流体的重力称为容重，以 γ 表示。

$$\gamma=\frac{G}{V} \tag{1.2}$$

式中 γ——气体的容重，N/m^3；

G——体积为 V 的流体的重力，N；

V——重力为 G 的流体体积，m^3。

密度和容重虽然定义、单位不同，但它们之间有密切联系，关系式为：

$$\gamma=\rho g \tag{1.3}$$

1.1.3 黏滞性

气体运行时，相邻两层气体之间，存在着抵抗气体切应变的力，这种抵抗力称为黏滞力。气体具有的这种抵抗相邻两层气体相对切应变的性质称为气体的黏性。

当流体在管中缓慢流动时，紧贴管壁的流体质点，粘附在管壁上，流速为零。位于管轴上的流体质点，离管壁的距离最远，受管壁的影响最小，而流速最大。介于管壁和管轴之间的流体质点，将以不同的速度向右运动，它们的速度从管壁到管轴线由零增加至最大的轴心速度。图1.1是黏性流体在管中缓慢流动时，流速 u 随垂直于流速的方向 y 而变化的函数关系图，即 $u=f(y)$ 的函数关系曲线，称为流速分布图。

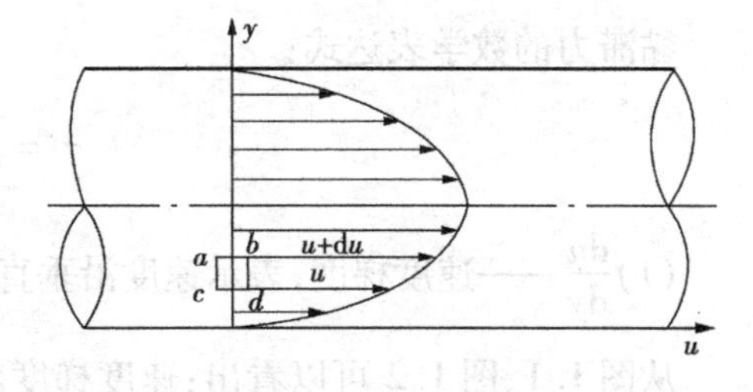

图1.1　流速分布图

知识窗

物体在外力作用下几何形状发生变化，这种形变称为应变。物体发生形变时内部产生了相互作用的内力以抵抗外力。在所考察的截面某一点单位面积上的内力称为应力。同截面垂直的应力称为正应力或法向应力，同截面相切的应力称为剪应力或切应力。

物体受外力产生变形时，体内各点处变形程度一般并不相同。用以描述某一点处变形的程度的力学量是该点的应变。为此可在该点处取一单元体，比较变形前后单元体大小和形状的变化。在直角坐标中所取单元体为正六面体时，单元体的两条相互垂直的棱边，在变形后的直角改变量，定义为角应变或切应变。

因为 y 方向上流速的不同，流体内各质点间便产生了相对运动，从而产生内摩擦力以抗拒相对运动。实验证明，内摩擦力（或切力）T 的大小与两流层间的速度差（即相对速度）$\mathrm{d}u$ 成正比，与流层间距离 $\mathrm{d}y$ 成反比；与流层的接触面积 A 的大小成正比；与流体的种类有关；与压力的大小无关。

思　考

管道中间的气体压力与接近管壁的气体压力相同吗？

黏滞力的数学表达式:

$$\tau = \mu - \frac{du}{dy} \tag{1.4}$$

(1)$\frac{du}{dy}$——速度梯度,表示速度沿垂直于速度方向 y 的变化率,单位为 s^{-1}。

从图 1.1、图 1.2 可以看出:速度梯度就是直角变形速度。它是在切应力的作用下发生的,只要有充分时间让它变形,它就有无限变形的可能性,使流体具有流动性。

(2)τ——切应力,是作用在单位接触面积流体上的内摩擦力,单位为 N/m^2,即 Pa。切应力 τ 是矢量,即有大小也有方向。

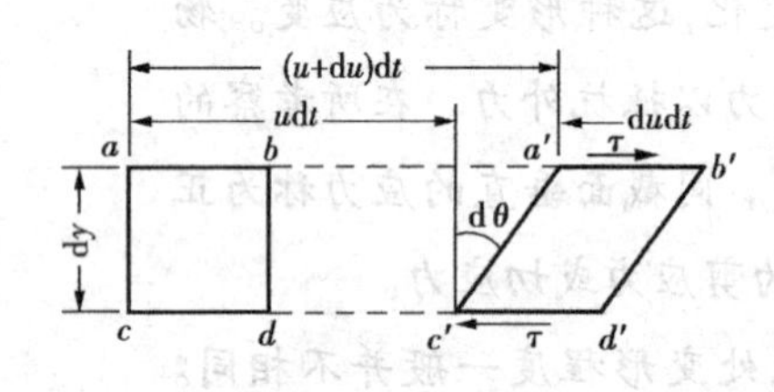

图 1.2　流体质点的直角变形速度

图 1.2 所示:以小方块变形后的 $a'b'c'd'$ 来说明它的方向:上表面 $a'b'$ 上面的流层运动较快,有带动较慢的 $a'b'$ 流层前进的趋势,故作用于 $a'b'$ 面上的切应力 τ 的方向与运动方向相同。下表面 $c'd'$ 下面的流体运动较慢,有阻碍较快的 $c'd'$ 流层前进的趋势,故作用于 $c'd'$ 面上的切应力 τ 的方向与运动方向相反。对于相接触的两个流层来讲,作用在不同流层上的切应力,必然是大小相等,方向相反的。

内摩擦力虽然是流体抗拒相对运动的性质,但它不能从根本上制止流动的发生。因此,流体流动性的特性,不因有内摩擦力存在而消失。当然,在流体质点间没有相对运动(在静止或相对静止状态)时,也就没有内摩擦力表现出来。

(3)μ——黏滞系数,单位为 $\frac{N}{m^2}\cdot s$,以符号 Pa · s 表示。

不同流体 μ 值不同,同一流体的 μ 值愈大,黏滞性愈强。气体的黏滞性随温度的升高而增大。

知识拓展

● μ 也称为动力黏滞系数。由式(1.4)知,当 $\frac{du}{dy}=1$ 时,则 $\tau=\mu$,即 μ 表示流体在单位速度梯度作用下所受的切应力(或黏性摩擦力),因 μ 的导出单位为 Pa · s,具有动力学单位特征,故称动力黏滞系数,或动力黏度。

• γ 为运动黏滞系数。以 $\gamma=\frac{\mu}{\rho}$ 表示，它反应的是流体在重力作用下流动时所受的内摩擦力，因为 γ 导出的单位为 m^2/s，具有运动学单位特征，故称运动黏滞系数，或运动黏度。

以 γ 来衡量流体的流动性。在同样的条件下，γ 值愈大，流动性愈低；反之 γ 值愈小，流动性愈高。所以，从流体流动性的运动学概念考虑，衡量流体流动性用 γ 而不用 μ。

1.1.4 压缩性和热胀性

气体受压，体积缩小、密度增大的性质，称为气体的压缩性。
气体受热、体积膨胀，密度减小的性质，称为流体的热胀性。
气体的压缩性和热胀性较液体显著。温度与压力的变化对气体的容重影响很大。

知识窗

不可压缩气体：气体流动速度较低（远小于音速），在流动过程中压力和温度的变化较小，密度仍然可以看作常数，这种气体称为不可压缩气体。

可压缩气体：气体流动速度较高（接近或超过音速），在流动过程中其密度的变化很大，密度已经不能视为常数，这种气体称为可压缩气体。

1)理想气体

理想气体是一种经过科学抽象的假想气本模型,它被假设为:气体分析是一些弹性的、不占有体积的质点,分子相互之间没有作用力(引力和斥力)。在工程上,当燃气压力低于1 MPa、温度在 10 ~20 ℃时,可以近似地当作理想气体进行计算。

对于理想气体,气体密度、压力和温度三者之间的关系,服从理想气体状态方程式:

$$\frac{p}{\rho}=RT \tag{1.5}$$

式中 p——气体的绝对压力,N/m^2;

T——气体的热力学温度,K;

ρ——气体的密度,kg/m^3;

R——气体常数,单位为 J/(kg · K)。

对于空气,$R=287$;对于其他气体,在标准状态下,$R=\frac{8\ 314}{n}$,式中 n 为气体分子量。

在温度等温情况下,即 $T=C_1$(常数),则 $RT=$常数。状态方程简化为$\frac{p}{\rho}=$常数,即:

$$\frac{p}{\rho}=\frac{p_1}{\rho_1} \tag{1.6}$$

p_1,ρ_1 是气体原来的压力及密度,p,ρ 是其他某一情况下的压力及密度。

式(1.6)表示在等温情况下压力与密度成正比。也就是说,压力增加,体积缩小,密度增大。根据这个关系,如果把一定量的气体压缩到它的密度增大一倍,则压力也要增加一倍;相反,如果密度减少一倍,则压力也要减少一倍。这一关系与实际气体压力和密度的变化关系几乎是一致的。但是,实际的气体其压缩是有限的,即气体有一个极限密度,对应的压力称为极限压力。若压力超过这个极限压力时,不管这压力有多大,气体再不能被压缩得比这个极限密度更大了。

当气体密度远小于极限密度时,在压力不变的情况下,$p=C_2$(常数),所以$\frac{p}{R}=$常数。因此,状态方程简化为 $\rho T=$常数。

$$\rho_0 T_0=\rho T \tag{1.7}$$

式中,ρ_0 是热力学温度 $T_0=273.16$ K 时的气体密度。

式(1.7)表示在定压情况下,气体密度与温度成反比。即温度增加,体积增大,密度减小;反之,温度降低,体积缩小,密度增大。这一规律对不同温度下的各种气体都适用,在中等压强范围内,对于空气及其他不易液化的气体相当准确;当温度降低到可使气体液化的程度时，就有比较明显的误差。

2）压力对气体体积的影响

对一定量的气体施加压力，气体体积就收缩。如图 1.3，将气体储存于带活塞的缸体内。图 1.3 左图中，活塞上施加 300 kPa 压力时，气体体积为 300 L；右图中，将活塞上的压力增至 600 kPa，气体体积减为 150 L。

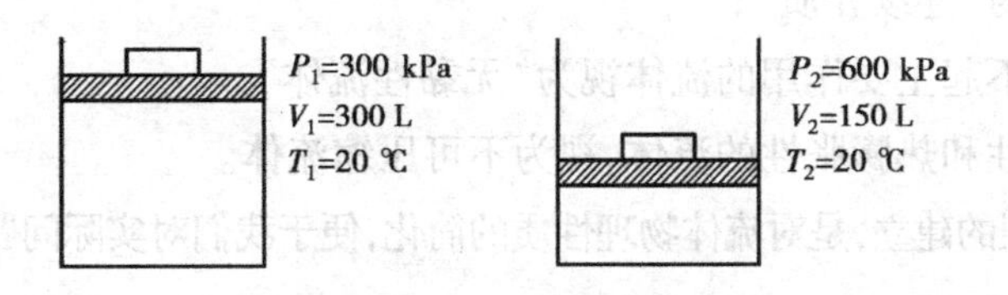

图 1.3　压力对气体体积的影响

根据理想气体状态方程，在恒温条件下，气体体积与压力成反比，即：

$$P_1V_1 = P_2V_2$$

或

$$\frac{P_1}{\rho_1} = \frac{P_2}{\rho_2}$$

图 1.3 中，压力为表压，若将大气压（101.325 kPa）加到表压上，得出的则是气体体积与绝对压力成反比。

对于气体有一个极限密度，对应的压力称为极限压力。若压力超过这个极限压力时，不管压力有多大，气体再不能压缩得比这个极限密度更大了。

3）温度对气体体积的影响

对一定量的气体，当温度升高时，体积增加，如图 1.4，将气体储存于带活塞的缸体内。右图中，温度为 20 ℃时，气体体积为 150 L，将温度升至 313 ℃时，气体体积增至 300 L。压力保持不变。

根据理想气体状态方程，当压力不变时，气体体积与温度成正比，即：$\frac{V_1}{T_1} = \frac{V_2}{T_2}$。当温度降低到气体液化的程度时，上述公式有明显误差。

实际流体的流动情况是由非常复杂的多种因素造成的，但我们在研究流体时，只能抓住主要矛盾，建立力学模型。

流体的主要力学模型如下：

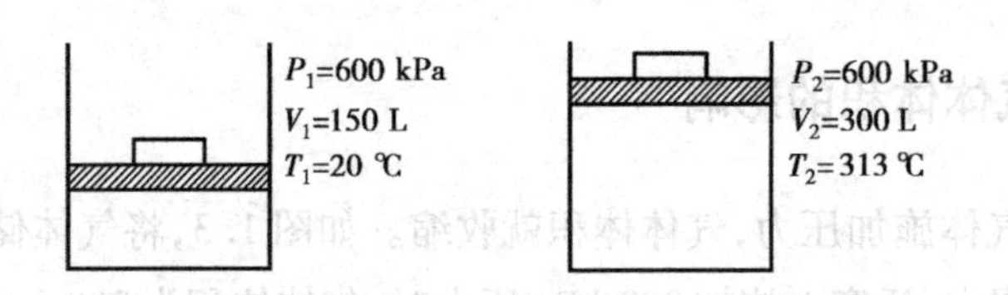

图 1.4　温度对气体体积的影响

①将流体视为“连续介质”；

②对于黏性不起主要作用的流体视为“无黏性流体”；

③不计压缩性和热膨胀性的流体，视为不可压缩流体。

流体力学模型的建立，是对流体物理性质的简化，便于我们对实际问题的分析和解决。

1.2 气体压力

气体在管道里输送，流动状态主要是用压力来描述。压力高低与流量大小有关，与用户需求有关，与安全运行有关。压力的概念，压力的测量，各种常用压力单位之间的换算，以及当具有较大高度差时附加压头产生大小的计算，都是从事燃气调压管理工作和工程技术人员需要了解和掌握的知识。

气体的压力分为：静压和动压。

1.2.1　气体压力的概念

1)流体静压力的特性

气体的压力是气体分子在无规则的热运动中对容器器壁频繁撞击和气体自身重力作用而产生的对容器器壁的作用力。通常燃气工程上所说的压力是指垂直于单位面积上的作用力，物理学上称为压力。

$$P = \frac{F}{A} \tag{1.8}$$

式中　F——作用力；

A——作用面积；

P——气体的压力。

气体的压力单位，通常用大气压（atm），毫米水柱（mmH_2O），毫米汞柱（mmHg）表示，也有用公斤力/米^2（kgf/m^2），公斤力/厘米^2（kgf/cm^2），帕[斯卡]（Pa）。其中国际单位制用帕斯卡作为通用的压力单位。

气体静压强基本方程式：

静止气体内某一点的压强基本方程为：

$$P = P_0 + \gamma h$$

式中　P——气体内某一点的压力，Pa；

P_0——气体压力，Pa；

γ——气体容重，N/m^3；

h——某点在气体面下的深度。

由于气体容重很小，在高差不大的情况下，气柱产生的压力值很小，可以忽略 γh 的影响，则上式简化为 $P = P_0$，表示空间各点气体压力相等。

2）气体动压力的特性

气体在管道中的流动特性随流动状态而异。

气体最基本的特性是它的流动性，当气体流动时会有惯性力和黏性力，各质点间的流速是不同的。描述管道中气体流动状态下的运动情况是如下两个气体流动基本方程式。

（1）连续性方程

$$\rho_1 v_1 A_1 = \rho_2 v_2 A_2 \tag{1.9}$$

式中　ρ——气体密度；

v——气体在相应截面上的平均流速；

A——流管的截面积。

（2）伯努力方程

$$\frac{P_1}{\gamma} + z_1 + \frac{{v_1}^2}{2g} = \frac{P_2}{\gamma} + z_2 + \frac{{v_2}^2}{2g} \tag{1.10}$$

式中　z——位置水头，简称位能；

$\frac{P}{\gamma}$——压力水头，简称压能；

γ——气体容重；

$\frac{v^2}{2g}$——流速水头，简称动能；

v——断面流速。

(3)实际工程问题的求解

在实际工程当中，人们需要求流速、压力等。求压力必须在流速已知的基础上。那么，实际中，只要我们建立两压力已知的断面，就能求出流速。对于不可压缩气体在管道中流动的情况下，公式(1.9)中，z_1，z_2 认为等于零，并与式(1.8)联立，即可推导出速度公式。

1.2.2　气体压力的计算基准

我们在日常工作中通过各种压力表测得的压力只是反应压力的一个计算基准。压力有两个计算基准：绝对压力和相对压力。

绝对压力：以没有一点气体存在的绝对真空为零点起算的压力，称为绝对压力。当人们需要描述气体本身的性质时，必须采用绝对压力。

相对压力：以大气压为零点起算的压力，称为相对压力。相对压力也称为表压。工程中常用的U形压力表、弹簧压力表等的计数，即是相对压力。因此，在实际工程中采用的是相对压力。

从以上定义我们可以知道：绝对压力 - 相对压力 = 大气压力。

相对压力大于大气压力时，称为正压，即表压；相对压力小于大气压时，称为负压，即真空表读数。

当燃气管道中出现负压现象时，要引起足够重视，严防事故发生。

1.2.3 气体压力的计量单位

(1)国际单位制。

气体压力的国际单位是帕斯卡,简称帕,符号 Pa。1 Pa = 1 N/m^2,1 MPa = 10^6 Pa。

(2)工程单位制在工程单位制中,全用公斤力/厘米^2,kgf/cm^2,表示气体压力。

1 kgf/cm^2 ≈0.1 MPa。国外有些国家常用巴(bar)来表示压力,1 bar = 1 kgf/cm^2。

(3)用液柱高度来表示。

利用液柱所产生的重力与被测气体压力平衡的原理来表示气体压力,单位为:mH_2O、mmH_2O、mmHg。汞柱表常用来测中压,水柱表常用来测低压。

1 mmH_2O ≈10 Pa。

(4)用标准大气压表示。

规定 0 ℃时海平面上的压力为 1 个标准大气压(符号为 atm),1 atm = 101.325 kPa。当某点的绝对压力为 303.975 kPa,则称它的绝对压力为 3 atm。

常用压力的换算见表 1.1。

知识拓展

调压工艺中会涉及下列标准。

EN 标准:欧洲标准。

ANSI 标准:由美国国家标准协会审批的美国国家标准。

ISO 标准:国际标准化组织简称 ISO(其成员由来自世界上 100 多个国家的国家标准化团体组成,代表中国参加 ISO 的国家机构是中国国家技术监督局(CSBTS)),由 ISO 审批的标准称为 ISO 标准。

我国标准分为国家标准、行业标准、地方标准和企业标准,并将标准分为强制性标准和推荐性标准两类。

GB 标准:强制性国家标准。

GB/T 标准:推荐性国家标准。国家标准指导性技术文件 GB/Z。

CJ 标准:城镇建设标准。

表 1.1　习惯用非国际制单位与国际制单位的换算关系

	帕 Pa	巴 bar	毫巴 mbar	毫米水柱 mmH_2O	标准大气压 atm	工程大气压 kgf/cm^2	米汞柱 mHg	毫米汞柱 mmHg	磅力/英寸^2 Lbf/in^2
帕 Pa	1	1×10^5	1×10^{-2}	0.101 971 6	$0.986\ 923\ 6\times10^{-5}$	$1.019\ 716\times10^{-5}$	$0.750\ 06\times10^{-5}$	$0.750\ 06\times10^{-2}$	$1.450\ 38\times14^{-4}$
巴 bar	1×10^5	1	1×10^3	$1.019\ 716\times10^4$	0.986 923	1.019 716	0.750 06	$0.750\ 06\times10^3$	14.503 8
毫巴 mbar	1×10^2	1×10^{-3}	1	10.197 16	$0.986\ 923\times10^{-3}$	$1.019\ 716\times10^{-3}$	$0.750\ 06\times10^{-3}$	0.750 06	$1.450\ 38\times10^2$
毫米水柱 mmH_2O	9.806 65	$0.980\ 665\times10^{-4}$	0.098 665	1	$0.967\ 8\times10^{-4}$	1×10^{-5}	$0.735\ 56\times10^{-4}$	0.073 556	$1.422\ 3\times10^{-3}$
标准大气压 atm	$1.013\ 25\times10^5$	1.013 25	$1.013\ 25\times10^3$	$1.033\ 227\times10^4$	1	1.033 22	0.76	760	14.695 9
工程大气压 kgf/cm^2	$0.980\ 665\times10^5$	0.980 665	$0.980\ 665\times10^3$	10^4	0.967 8	1	0.735 56	735.56	14.223
米汞柱 mHg	$1.333\ 224\times10^5$	1.333 224	$1.333\ 224\times10^3$	$1.359\ 51\times10^4$	1.315 79	1.359 51	1	1×10^{-3}	19.368
毫米汞柱 mmHg	$1.333\ 224\times10^2$	$1.333\ 24\times10^{-3}$	1.333 224	13.595 1	$1.315\ 79\times10^{-8}$	$1.359\ 51\times10^{-3}$	1×10^{-3}	1	$1.933\ 68\times10^{-2}$
磅力/英寸^2 $1\ bf/in^2$	$0.689\ 476\times10^4$	0.068 949 6	$0.689\ 476\times10^2$	$0.708\ 07\times10^8$	0.068 05	0.070 307	$0.501\ 715\times10^{-1}$	$0.517\ 15\times10^{-2}$	1

学习鉴定

1. 填空题

(1)________是决定气体流动的外因。气体作为流体的最基本特性是________。

(2)________统称为流体。

(3)压力的计算基准有________压力和________压力。

2. 选择题

(1)气体静止时的压力为(　　)。

A. 动压　　B. 静压　　C. 全压　　D. 大气压

(2)燃气工程中所说的压力指的是物理学中的(　　)。

A. 流速　　B. 作用力　　C. 拉力　　D. 压力

3. 问答题

(1)工程中常用压力单位有哪些,之间是如何换算的?

(2)在等温情况下,压力对气体体积有什么影响?

4. 计算题

一座调压装置进口压力为0.2 Mpa,请分别用工程压力单位和汞柱压力单位表示。

2 调压装置工艺流程

核心知识

- 城镇燃气管网压力级制
- 调压装置作用、分类
- 调压工艺流程
- 调压装置的布置

学习目标

- 熟悉城镇燃气管网系统
- 了解调压装置
- 熟悉调压工艺流程
- 掌握调压装置安装形式

城镇燃气在输配过程中,由不同的系统共同组成燃气供应。其中,起连接作用并能使城市管网能够较经济运行的是调压装置。因此,调压装置的选址布置、安全性能、工艺流程等要求,在燃气输配系统中十分重要。

2.1 城市燃气管网

提高供气压力可以提高管网的输气能力从而提高管网的经济性。故城镇燃气在长距离输送过程中,采用较高的压力。燃气进入用户前,需要降压和稳压,即调压。燃气调压是靠调压装置来完成的。

2.1.1 城镇燃气管网压力级制

降压过程不是一次完成,而是分级完成的。《城镇燃气设计规范》(GB 50028—2006)中将城市管网压力级制进行划分,如表 2.1 所示。

表 2.1 城市管网压力分级

高压	A 级	2.5 MPa $<P\leqslant$4.0 MPa
	B 级	1.6 MPa $<P\leqslant$2.5 MPa
次高压	A 级	0.8 MPa $<P\leqslant$1.6 MPa
	B 级	0.4 Mpa $<P\leqslant$0.8 MPa
中压	A 级	0.2 Mpa $<P\leqslant$0.4 MPa
	B 级	0.01 MPa$\leqslant P\leqslant$0.2 MPa
低压	$P<$0.01 MPa	

应用举例

北京市天然气管网压力分为5级：高压A、高压B、次高压、中压、低压，目前的运行压力分别是高压A 4.0 MPa 、高压B 1.6 MPa、次高压0.6 MPa、中压0.1 MPa、低压2 kPa。

2.1.2 城镇燃气管网系统

高压及次高压燃气管道构成城市燃气输配管网的环状主干管，通过调压装置进入下一级管道，储气设施等。低压管网直接供气，一般用于居民用户和小型公共建筑用户。中压管网经调压装置后进入低压管网，或直接给工业用户、大型公共建筑用户及锅炉房供气。

1）城镇燃气管网系统的组成与分类：

燃气管网系统根据所采取的压力级制不同可分为：

一级系统仅用低压管网来分配和供给燃气，一般只适用于小城镇供气。如供气范围较大时，则输送单位体积燃气的管材用量将急剧增加。

两级系统由低压和中压B或低压和中压A两级管道组成。

三级系统包括低压、中压和高压的三级管网。

多级系统由低压、中压B、中压A和高压B，甚至高压A和管网组成。

每一个供气系统根据用户的需求，用户的数量，气源的情况等，可以选择一种、两种、三种、四种或多种压力级制。对每一种压力级制，可通过分析与比较后在其规定的范围内确定一个供气压力值。

2）城镇燃气管网系统应用举例

（1）低压—中压两级管网系统：低压—中压两级管网系统如图2.1所示。

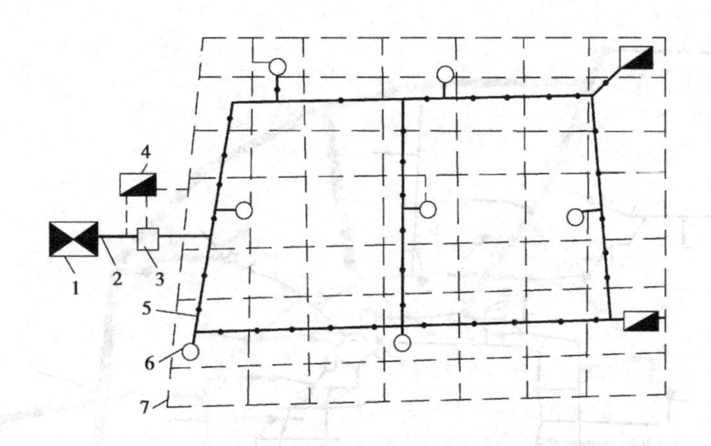

图 2.1　低压—中压两级管网系统图

1—气源厂;2—低压管道;3—压器站;4—低压储气站;

5—中压管网;6—区域调压站;7—低压管网

燃气厂生产的低压燃气,经加压后送入中压管网,再经区域调压站调压后送入低压管网,设置在用气区的低压储气罐由中压管供气,用户高峰时向低压管网输送燃气。这种两级系统的特点是中压管网经调压后与低压储气罐相连,中压管道和低压干管均连成环网。区域调压站与储气罐站的位置必须布置合适,以免局部地区供气量和压力不足的情况出现。

(2)多级管网系统:多级管网系统主要用于人口多密度大的特大型城市。如图 2.2 所示为北京市天然气配气系统为五级管网系统,气源是天然气,由地下储气库、高压储气罐站以及长输管线末端储气三种方式调节供气与用气之间的不均匀性。天然气经过几条长输管线进入城市管网,两者的分界点是配气站(城市门站),天然气的压力该站降到 4.0 MPa 以下,进入城市外环的高压管网,再分别通过各级调压站降压后进入较低压力级制的管网,各级管网分布组成环状。在配气系统中还设有维护管理中心和监控调度中心,采用标准化和系列化的站室、构筑物和设备,保证系统在运行管理方面是安全的,在维修检测方面是简便的。该系统既安全又灵活,因为气源来自多个方向,主要管道均连成环网,平衡用户用气不均匀性多采取多种手段协调解决。在检修或发生事故时,可关断某些部分管段而不至影响全系统工作,保持不间断、可靠地供气。

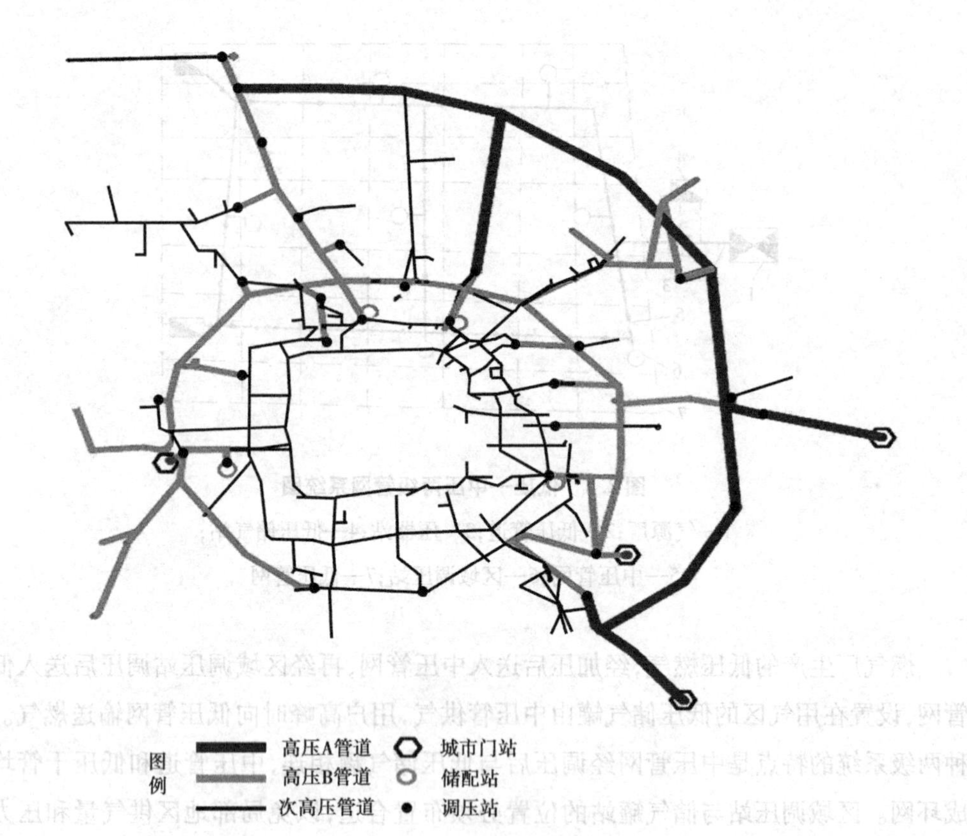

图 2.2　多级管网系统(北京)

2.2 调压装置的作用和分类

调压装置是城镇燃气管网系统中的一个调压单元,其主要设备是调压器,还包含有安全装置、流量监测、过滤、切断和控制流量等的附属设备,这些设备按照一定的程序组成降低压力和稳定供气的一个调压单元,完成降压和稳压的作用。

2.2.1 调压装置的作用

不同的使用对象因需求和环境条件不同,调压装置所包含的设备种类各不相同。起降压作用的调压器是调压装置中的主要设备。为了保证调压装置正常、稳定的运行,调压器需要与其他附属设备共同作用,才能安全、有效地起到降压和稳压的作用。

调压装置所起的作用如图2.3所示,总结如下:

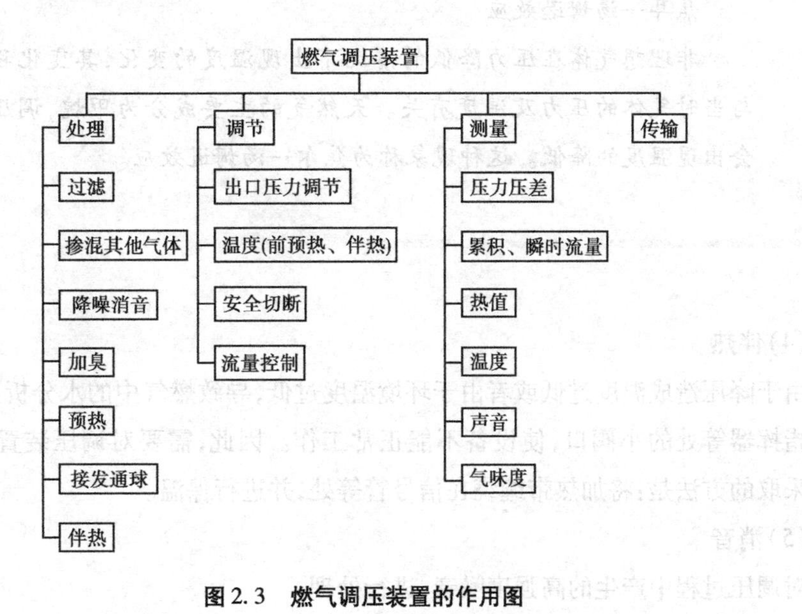

图2.3 燃气调压装置的作用图

1)对燃气进行处理

城镇燃气调压装置可以对所通过的燃气按需求进行下列某种必要的处理。

(1)除尘

对燃气中携带的固体、液体等杂质进行过滤,以保证燃气在通过下游的阀门等设备时,不会对下游设备造成损害,延长调压装置中其他设备使用寿命。

(2)加味

在城镇燃气的接收首站(门站)对无味燃气进行加味,以保证燃气在发生泄漏时,用户能立刻查觉,并采取相应措施,避免危险的发生。

(3)预热

燃气在进行大幅降压的过程中,由于焦尔—汤姆逊效应,燃气温度会降低,因而需要对这部分燃气进行预热,以预防由于燃气降温对设备造成损害。

焦耳—汤姆逊效应

非理想气体在压力降低的情况下出现温度的变化,其变化程度与当时气体的压力及温度有关。天然气的主要成分为甲烷,调压时会出现温度的降低。这种现象称为焦尔—汤姆逊效应。

(4)伴热

由于降压造成温度过低或者由于环境温度过低,导致燃气中的水分析出并结冰,堵塞在指挥器等处的小阀口,使设备不能正常工作。因此,需要对调压装置局部进行加热。采取的方法是:将加热带缠绕在信号管等处,并进行保温。

(5)消音

对调压过程中产生的高强度噪音,进行处理。

以上除(2)外,其余各功能是调压装置要求的辅助功能。

2)对燃气进行调压、计量、监控

城镇燃气调压装置可以根据要求,具备下列功能。

(1)调压功能

将上游较高压力降至下游所需较低压力,并保持压力相对稳定。

(2)计量功能

现在越来越多的调压装置上安装有流量计,一类是流量监控装置,对下一级流量计、燃气表进行监控;另一类是贸易计量装置,一般装有 IC 卡计量设备,通常还有 IC 卡切断阀作为辅助。

(3)安全保护功能

超压切断阀广泛地应用于调压装置中。其功能是:当调压装置出口压力超出压力正常范围上限时,阀口关闭,保证下游设备的安全。也有由调压装置自身集成控制的紧急切断阀,具有安全保护功能。

(4)流量控制功能

一些大型调压装置安装有流量控制功能设备,可以避免终端用户出现气体大量泄漏或恶意用气。

3)对燃气进行测量

测量燃气的压力、压差、温度、流量等。

4)传输信息

传输燃气的压力信号、温度信号、流量信号等。

2.2.2 调压装置的分类

调压装置的大小和所具有的功能是根据进出调压装置燃气压力的高低以及调压装置对燃气的处理、调节、测量、记录、传输内容等调压装置的任务等来确定的。调压装置通常按使用目的不同或调压范围不同进行分类。

1)按使用目的分类

(1)门站

门站在高压下接收跨地区天然气长输管线送来的天然气,它是长输管线的末站,城镇管网的首站,具有计量,加臭,调压等功能。

(2)区域调压装置

区域调压装置设置于两级城市管网之间,由供气管理单位管理,包括调压站、调压柜、地下调压柜(站)。

(3)专用调压站

工业企业和公共事业用户的燃烧器,通常用气量较大或要求压力较高,可以使用较

高压力的燃气。因此,这些用户与中压或高压燃气管道连接较为合理,适宜设专用调压站,需要安装流量计。安全装置应选用安全切断阀。

(4)用户调压站

当燃气直接由中压管网(或压力较高的低压管网)供给生活用户时,应设置用户调压装置,将燃气压力通过用户调压器直接降至燃具正常工作时的压力。由于常将用户调压器装在金属箱中挂在墙上,故亦称箱式调压装置。该装置也可用来调节高层附加压头。

2)按调节压力分类

①高高压调压站:一般可用于连接在天然气远距离输送干管,或连接在城市高压外围环管上。

②高中压调压站:一般可用于连接城市高、中压两级管网。

③中中压调压站:一般作为专用调压站,出口压力由用气设备的要求设定的。

④高低压、中低压调压站:主要用在城市高压或中压管网向低压管网分配燃气。

⑤低低压调压站:多用于中小城镇的单级管网系统供应。

2.3 调压工艺流程

调压装置当中各设备按照各自不同的功能排列组合在一起,共同完成降压稳压,安全供气的功能。这个排列顺序即是调压过程中的流程,燃气从入口处的较高压力经过调压工艺流程,最终达到出口要求的压力范围。

2.3.1 调压工艺的基本流程

调压站由调压器、阀门、过滤器、安全装置、旁通管及测量仪表等组成。

图 2. 4 为调压基本工艺流程示意图。

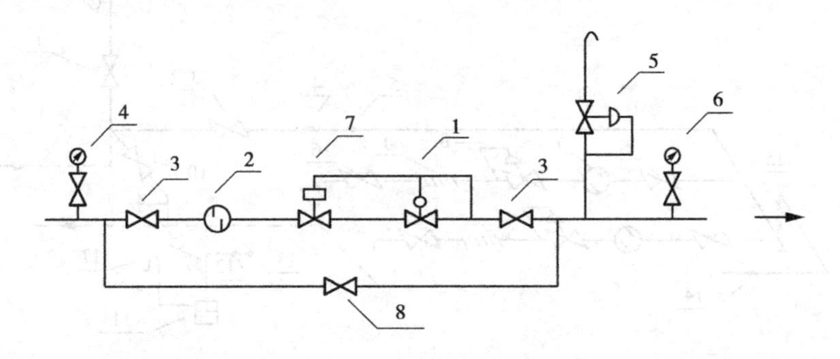

图 2. 4　基本工艺流程图

1—调压器;2—过滤器;3—调压器进、出口阀门;4—进口压力表;
5—安全放散阀;6—出口压力表;7—安全切断阀;8—旁通阀门

燃气进入调压站后,先进入调压器前阀门,此处阀门的作用是:当调压设备有故障时,手动关断;然后进入过滤器,将燃气中对调压器及下游设备有损害的杂质过滤掉;再进入调压器进行降压。经调压后,再经出口阀门进入站外的燃气管网。调压站内压力表用于检测进出站压力;当出站压力过高时,安全放散阀打开,放出压力过高的燃气;当出站燃气压力高到一定程度,安全切断阀动作,切断供气管路。旁通在调压器等设备检修时启用。调压器出口处一般设置压力自动记录仪。

2. 3. 2　调压工艺流程举例及分析

1) 中低压调压站工艺流程

图 2. 5 所示为中低压站工艺流程。图中所示调压站采用两路设置,其中一路为工作状态,习惯上称为工作台;另一路处于备用状态,习惯上称为备用台。当燃气进站后,经工作台减压,进入低压管网。此流程采用水封安全放散阀——对应图中 11 及 17 部分。水封安全的散阀结构简单,安全可靠,一般是中—低压调压站常用的安全装置。具体介绍可参见第 8 章第 6 节。

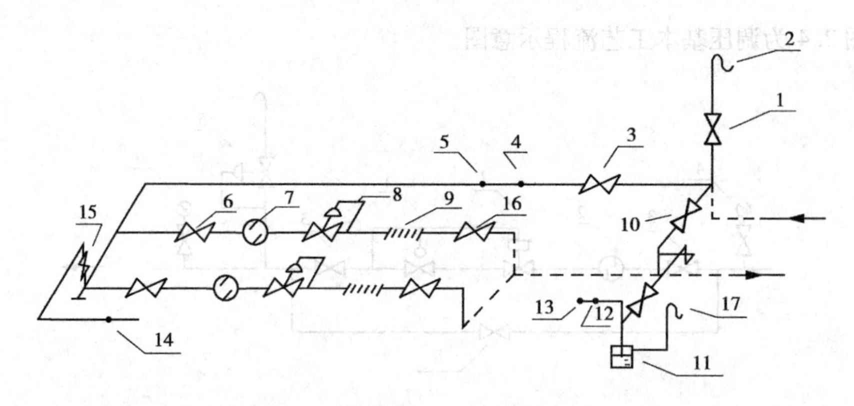

图 2.5　中低压调压站工艺流程图

1—中压放散阀门;2—中压放散管;3—调压站总进口阀门;4—弹簧表;5—管道温度计;6—调压器进口阀门;7—过滤器;8—调压器;9—调长器;10—旁通阀门;11—水封;12—自动记录仪;13—低压 U 型记录仪;14—中压 U 型记录仪;15—中压仪表阀门;16—调压器出口阀门

2)高中压调压站工艺流程

图 2.6 所示为高中低压站工艺流程。图中所示调压站工艺流程为在站内对流经燃

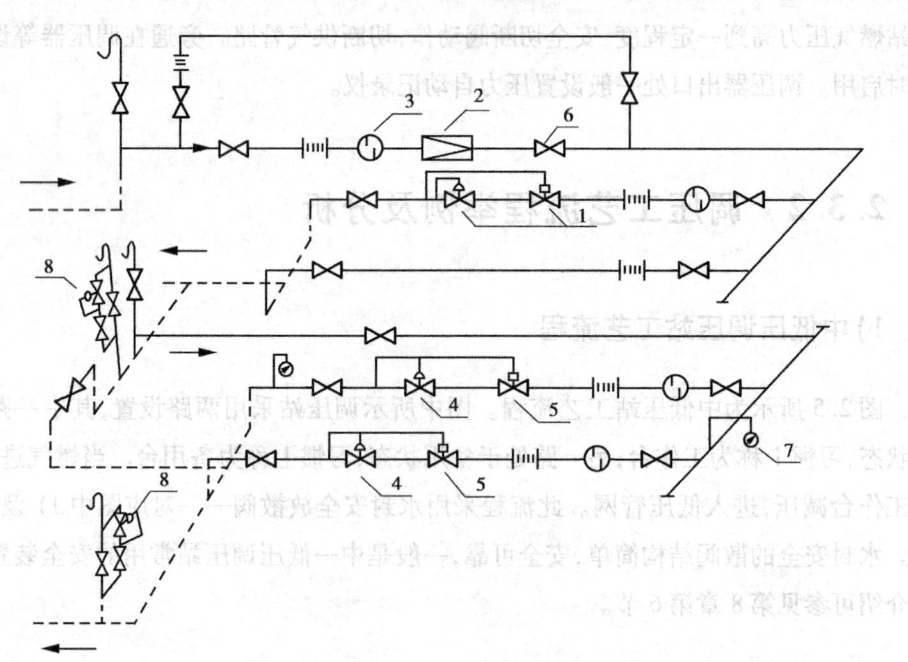

图 2.6　常用高中低压调压站工艺流程图

1—调压器;2—流量计;3—过滤器;4—调压器;5—安全接断阀;6—球阀;7—自动压力记录仪;8—安全放散阀

气进行两次降压。燃气进站后，经流量计计量，进入站内高中压减压装置，燃气压力由高压降为中压。降为中压的燃气分为两部分，一部分进入地下中压管网，另一部分进入站内中低压减压装置，燃气压力由中压变为低压，进入地下管网，直接供用户使用。

2.4 调压装置的设置

调压装置是燃气输配系统中重要环节，调压装置的安装设计是要从整个管网的现状出发并考虑长远的发展。调压装置的作用是将进口压力 P_1 降至允许的出口压力 P_2 的范围内。因此，对于调压装置的设置应从实际出发，满足需要设置计量、需要根据流量需求确定调压器的通过能力、需要规定最大气体流速、需要考虑如何保证安全不间断供气、需要考虑到日常运行与维修保养等要求，对调压装置的安装形式进行设计和布置，以达到最佳效果。

2.4.1 燃气调压装置的设计内容

调压装置的设计包含下面几个内容：

(1)首先需要搜集以下几个数据：最大流量 q_{max} 和最小流量 q_{min}；最高进口压力 $P_{1,max}$ 和最低进口压力 $P_{1,min}$；出口压力 P_2 和出口压力允许范围 ΔP_2；关闭压力 P_b。

(2)选择调压装置规模、站址、类型。

(3)选择仪表、设备、阀门等，并进行报价订货；设计调压级制，并设计出结构图、基础平面图等。

(4)由具有资质的施工单位进行施工，由专业人员进行工程监理和验收。设计所选调压器应能满足进口燃气的最高最低压力范围的要求；调压器对应的流量范围应在对应于调压器前燃气管道的最低设计压力与调压器后燃气管道的允许出口压力下满足要求；调压器计算流量应按调压器所承担的管网小时最大输送量的 1.2 倍确定。

2.4.2 构成调压装置的主要设备

构成调压装置的有下列设备:绝缘件,除尘设备,流量计,切断阀门,放散阀,调压设备,其他的测量和调节及监视部件,旁通,预热(如有需要)设备,加臭设备,隔音设备,阀门,管线。

在本教材中,对于上述设备分别由下列符号表示:

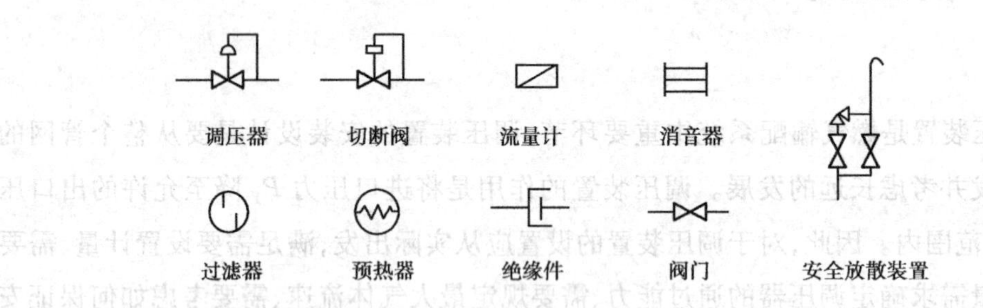

2.4.3 调压装置的布置原则

根据安装位置的不同,调压装置的设置形式是多种多样的。为保证安全供气并有利于日常运行、维护,调压装置中的调压站、调压柜、调压箱、地下调压站从工艺到选址、建筑等应按一定规则设计安装。调压装置的选址应首先从管网的安全、经济来考虑,当安装在居民区内时,还需要考虑到不要扰民;当安装在工业企业内时,应考虑到用气的重点位置。为满足调压器安全要求,调压箱或调压柜安装位置不应被碰撞,维护作业时不影响交通;地上调压站的设置应尽可能避开城市的繁华街道;可设在居民区的街坊内或广场、公园等地。调压站应力求布置在负荷中心或接近大用户处,调压站的作用半径应根据经济比较确定。

根据 GB 50028—2006《城镇燃气设计规范》规定对调压装置中各类设置的要求分述如下:

1)调压站的设置要求

①调压站一般为地上独立的防火建筑物。

②在自然条件和周围环境许可时,可设置在露天,但应设置围墙。

③调压站与其他建筑物、构筑物的水平净距应符合表2.2的要求。

表2.2　调压站与其他建筑物、构筑物的水平净距　单位:m

设置形式	入口压力	建筑物外墙面	重要公共建筑物	铁路(中心线)	城镇道路	公共电力变配电柜
地上单独建筑物	高压A	18.0	30.0	25.0	5.0	6.0
	高压B	13.0	25.0	20.0	4.0	6.0
	次高压A	9.0	18.0	15.0	3.0	4.0
	次高压B	6.0	12.0	10.0	3.0	4.0
	中压A	6.0	12.0	10.0	2.0	4.0
	中压B	6.0	12.0	10.0	2.0	4.0
调压柜	次高压A	7.0	14.0	12.0	2.0	4.0
	次高压B	4.0	8.0	8.0	2.0	4.0
	中压A	4.0	8.0	8.0	1.0	4.0
	中压B	4.0	8.0	8.0	1.0	4.0
地下单独建筑	中压A	3.0	6.0	6.0	—	3.0
	中压B	3.0	6.0	6.0	—	3.0
地下调压箱	中压A	3.0	6.0	6.0	—	3.0
	中压B	3.0	6.0	6.0	—	3.0

④在采暖时期室内气温不低于5 ℃。

⑤高压和次高压燃气调压站外进出口管道上必须设置阀门;中压燃气调压站外进口管道上应设置阀门。为了方便紧急状态下站外的操作,阀门应安装在调压站围墙外不小于10米。

⑥调压站内应设置旁通,旁通阀门的设置为:高压—次高压、次高压—中压、高压—中压设旁通阀门两道;中压—低压设置阀门一道。

⑦在调压器燃气入口处宜安装过滤装置及清除杂质的装置。

⑧调压站室内净高不小于3.5米，门向外开，室内通风每小时不得少于2次。

⑨调压器室的电器防爆等级应按现行的GBJ 58《爆炸和火灾危险场所电力装置设计规范》的“1”区设计的规定。建筑耐火等级应符合现行的GBJ 16《建筑设计防火规范》的不低于“二级”设计的规定。设于空旷地带的调压站及采用高架遥测天线的调压站应单独设置避雷装置，其接地电阻值应小于10 Ω。

⑩入(出)口处应设置防止出口压力过高的安全保护装置。

⑪调压器的安全保护装置宜选用人工复位型。安全保护装置必须设定启动压力值并具有足够的能力。启动压力应符合工艺的要求，调压站地面当无特殊的要求时，应符合下列要求：

- 当调压器出口为低压时，启动压力应使与低压管道直接相连的燃气用具处于安全工作压力之内。
- 当调压器出口压力小于0.08 MPa时，启动压力不应超出出口工作压力上限的50%。
- 当调压器出口压力等于或大于0.08 MPa，但不大于0.4 MPa时，启动压力不应超过出口压力上限的0.04 MPa。
- 当调压器出口压力大于0.4 MPa时，启动压力不应超出出口工作压力上限的10%。

⑫调压站内手柄应按压力不同涂刷不同颜色。

⑬调压站内两台以上调压器平行布置时，相邻调压器外缘净距应大于1 m；调压器与墙面净距和室内主要通道的宽度均应大于0.8 m。

⑭中低压调压站应安装安全放散管，放散阀应采用微启式弹簧安全阀。放散管口应高出屋檐1.0 m。

⑮站内须设燃气泄漏检测报警装置并联动轴流分机。

⑯调压站内设备采用钢支架支撑。

⑰调压站内调压器及过滤器前后均应设置指示式压力表。调压器前宜设置自动记录式压力表，调压器后应设置自动记录式压力表。仪表管的安装应坡向主管。

2)调压箱的设置要求

①如果受到环境条件和经济条件制约，调压装置设置成箱式时，为居民和商业用户供气，其进口压力为中压以下。为工业用户供气，其进口压力为次高压B级以下。

②调压箱箱底距地坪一般为1.0～1.2 m。

应用举例

北京燃气集团规定，应在阀门手柄上涂刷不同颜色，以示压力的不同。

管线名称		颜　色	色　标
煤气、天燃气管线涂刷气流方向	次高压 A 管线	管道为灰色 色标为黑色	次高压A →
	次高压 B 管线	管道为灰色 色标为红色	次高压B →
	中压管线	管道为灰色 色标为黄色	中　压 →
	低压管线	管道为灰色 色标为绿色	低　压 →

名　称	颜　色	色　标
管道支架、平台、梯子、构架	浅绿色	
防护栏杆	黄色	
梯子第一级和最后一级台阶踏步前沿	黄色	

注：色标彩图见封三。

③调压箱安装在建筑外墙或安置在专用支架上，此墙体为永久性实体墙，且建筑耐火等级不应低于 2 级。

④调压箱上应有自然通风孔，不能安装在建筑的门窗上的、下墙上和阳台下，也不应安装在室内通风机进风口墙上，以免泄漏的燃气进入室内。

⑤调压箱安装置位置参见表 2.1。

3)调压柜的设置要求

①当调压装置采用调压柜形式时,其进口压力一般为次高压以下。

②调压柜安装在牢固的基础上,柜底距地坪为0.3 m。

③当体积大于1.5 m^3,时,爆炸泄压口设在上盖上,且面积大于上盖。

④调压柜上应有自然通风口。当输送燃气的相对密度大于0.75时,柜体上下各设1%柜底面积通风;当相对密度小于等于0.75时,可仅在柜上上部设4%柜底面积通风口。

⑤调压柜周围设护栏,满足表2.1的安装距离。

4)地下调压装置设置要求

当受到地上条件限制,且调压装置进口压力不大于0.4 MPa时,可设在地下单独的建筑物内或地下单独的箱体内。设置应符合下列要求:

①调压箱不宜设置在城镇道路下,距其他建筑物构筑物的水平净距见表2.1。

②地下调压箱上应有自然通风口,并且当燃气相对密度大于0.75时,应在柜体上下各设1%的柜底面积通风口。

③地下调压箱的安装位置应能满足调压器安装位置的安装要求。

④地下调压箱设置应方便检修。

⑤地下调压箱应有防腐保护。

⑥地下调压站的建筑设计应符合下列要求:

室内净高不低于2 m;

宜采用混凝土整体浇筑结构;

必须采取防水措施,在寒冷地区应采取防寒措施;

调压室顶盖上必须设置两个呈对角分布的人孔,孔盖应能防止地表水浸入;

室内地面应采用撞击时不产生火花的材料,并应在一侧人孔下的地坪设置集水坑;

调压室顶盖应采用混凝土浇筑。

学习鉴定

1. 填空题

(1)调压器的安全保护装置宜选用________。安全保护装置必须设定________值并具有足够的能力。

(2)天然气降压过程中会出现________,这种现象称为焦尔—汤姆逊效应。

(3)当受到地上条件限制,且调压装置进口压力不大于________时,可设在地下单独的建筑物内或地下单独的箱体内。

(4)在调压器燃气入口处宜安装________装置及清除杂质的装置。

2. 问答题

(1)调压站的设置有哪些基本要求?

(2)地下调压站的设置应符合哪些要求?

3. 画图题

(1)请画出调压工艺的基本流程图。

3 调压工艺系统

核心知识

- 调压工艺系统
- 门站
- 调压装置
- 调压计量系统
- CNG 减压系统

学习目标

- 认识门站
- 掌握门站调压装置区域调压装置结构形式
- 了解用户调压装置、专用调压装置
- 了解调压计量系统
- 了解 CNG 减压系统

调压工艺系统包括主要设备和附属设备。主要设备调压器在调压系统中起降压和稳压作用,附属设备过滤器、阀门、仪表等协助调压器共同工作。在调压系统中,需要按照实际需求增减相应设备和按一定的顺序对设备进行排列组合,这就形成了调压过程的流程和工艺系统。

3.1 调压工艺系统

由于实际需求不同,所需设备类型和数目不同,组成的工艺系统功能也就不同。

3.1.1 满足最基本功能的调压工艺系统

图 3.1 所示调压工艺可以完成最基本的调压功能。选用设备有:调压器、阀门、过滤器、自动放散阀。工艺过程如下:燃气经过进口阀门 1 由过滤器 5 过滤,由调压器 2 减压,经出口阀门 3 进入下游。如果调压器出现故障,造成超压送气,则放散阀 4 自动开启,将超压气体排入大气。这种工艺仅仅是完成调压功能,几乎没有安全设置,当需要对设备进行维护或检修时只有断气进行。

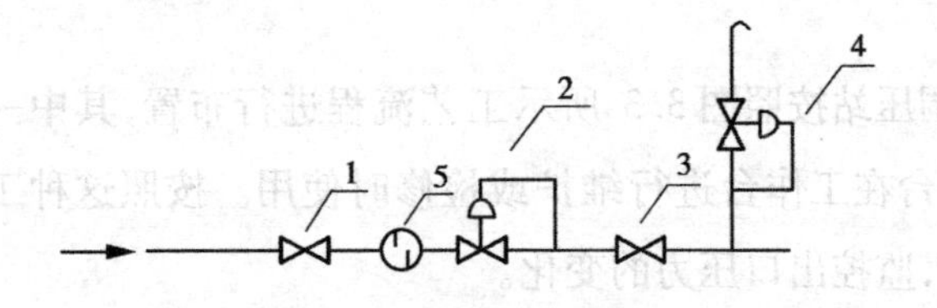

图 3.1 基本工艺流程图

1—进口阀门;2—调压器;3—出口阀门;4—安全放散阀;5—过滤器

3.1.2 带有旁通的调压工艺系统

图3.2所示工艺,可以完成调压任务,并且当出现故障需要维护时,由旁通暂时进行减压供气。这种工艺选用设备有:调压器、阀门、过滤器、自动放散阀、旁通。工艺过程如下:燃气经过进口阀门,由过滤器过滤,由调压器减压,经出口阀门进入下游。如果调压器出现故障,造成超压送气,则放散阀自动开启,将超压气体排入大气。正常工作时,旁通阀门关闭,当对设备维修时,将旁通阀门打开,由人工通过调节阀门的开度调节出口压力的高低。这种工艺在故障维修时可供气,但在安全保护方面有所欠缺。

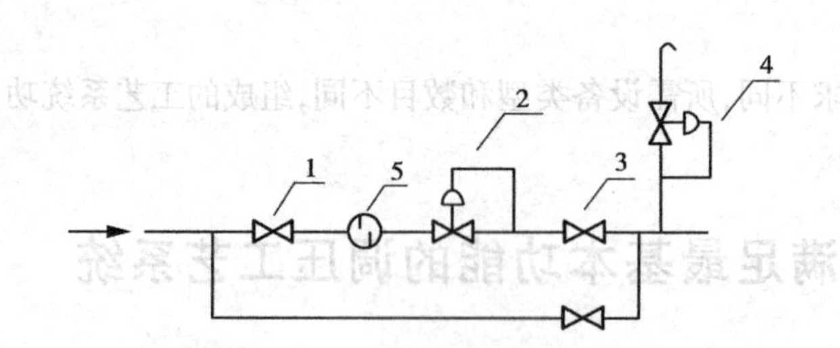

图3.2 带有旁通工艺流程图

1—进口阀门;2—调压阀;3—出口阀门;4—安全放散阀;5—过滤器

3.1.3 双路调压带旁通工艺流程

目前,大多数调压站按照图3.3所示工艺流程进行布置,其中一台为工作台,另一台为备用台。备用台在工作台进行维护或检修时使用。按照这种工艺布置的调压站,需要每天进行运行,监控出口压力的变化。

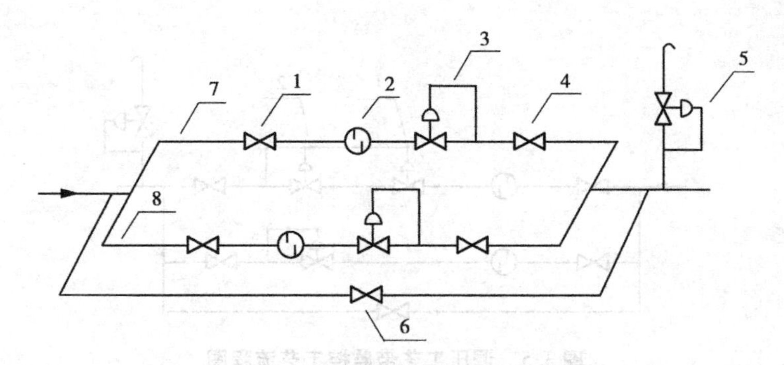

图 3.3　双路调压带旁通工艺流程图

1—进口阀门;2—过滤器;3—调压器;4—出口阀门;

5—安全放散阀;6—旁通阀;7—工作台;8—备用台

3.1.4　调压装置带自动切断工艺

调压柜常用如图 3.4 所示的调压工艺流程。当工作台出现问题时,自动转成备用台工作,避免后压过高。此工艺具有一定的安全保护功能。

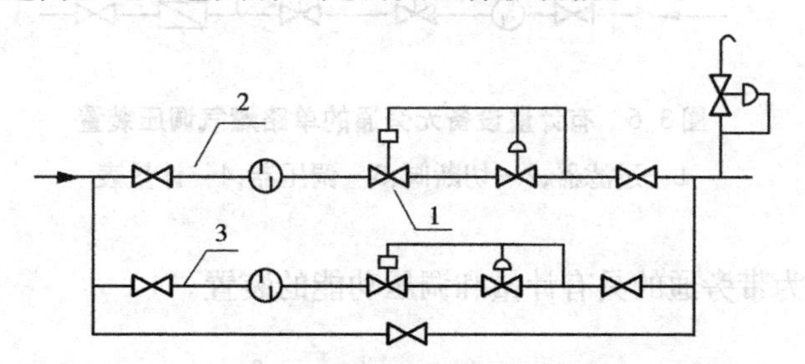

图 3.4　调压装置带自动切断工艺流程图

1—切断阀;2—工作台;3—备用台

3.1.5　带监控的调压工艺流程

图 3.5 所示的调压带监控的工艺流程,如果工作调压器出现故障,监控调压器开始工作,具有防止超压安全保护功能。

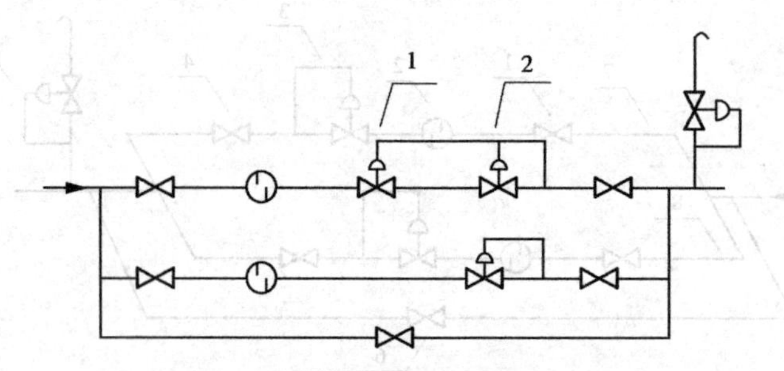

图 3.5　调压工艺带监控工艺流程图
1—监控调压器;2—工作调压器

3.1.6　带计量的调压装置

图 3.6 所示为单路带流量设备的装置,具有调压和计量功能。

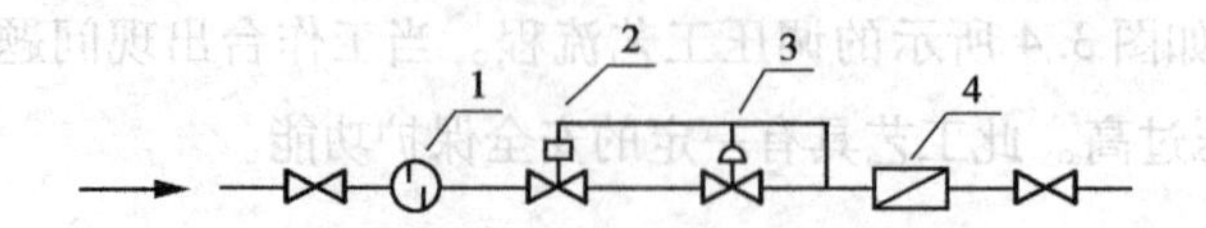

图 3.6　有计量设备无旁通的单路燃气调压装置
1—过滤器;2—切断阀;3—调压器;4—计量表

图 3.7 所示为带旁通的具有计量和调压功能的装置。

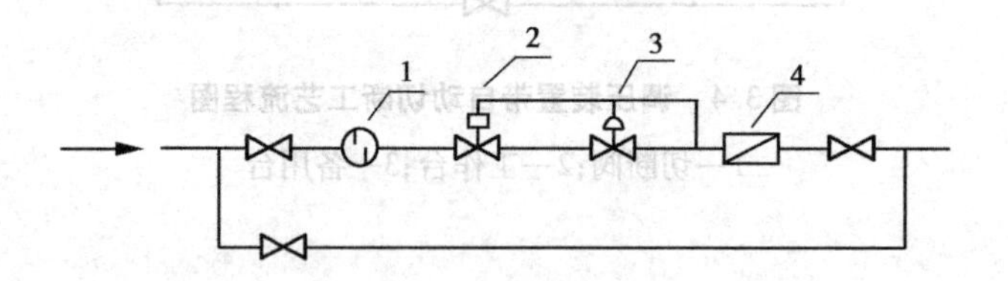

图 3.7　有计量设备有旁通的单路燃气调压装置
1—过滤器;2—切断阀;3—调压器;4—计量表

图 3.8 所示为无旁通有计量设备双路设置,可以倒台运行。

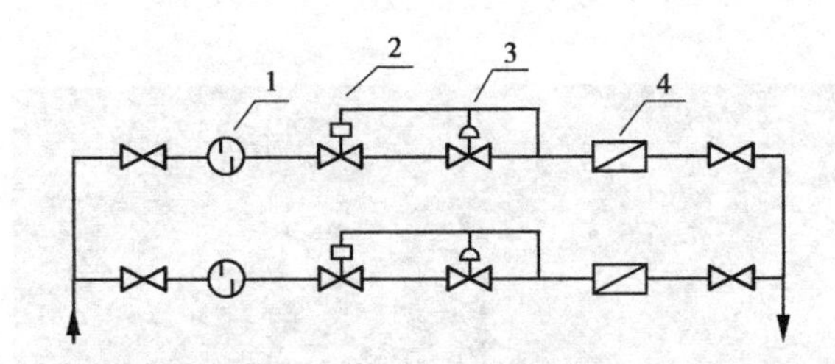

图 3.8　有计量设备无旁通的双路燃气调压装置

1—过滤器;2—切断阀;3—调压器;4—计量表

图 3.9 所示为双路调压装置带单路计量设备。

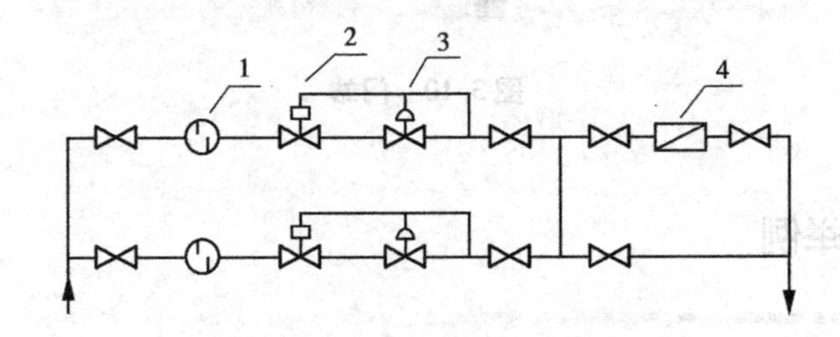

图 3.9　双路调压装置带单路计量设备

1—过滤器;2—切断阀;3—调压器;4—计量表

3.2 门　站

门站是长输管线的末端,城市燃气管网的首端,是连接供气干管与城市输配管线之间的连接点(图 3.10)。经长输管线送过来的燃气,在气质上应是满足国家标准对城市燃气的质量要求。所以当燃气进入城市后,首先要解决的一个重要问题就是对燃气流量进行计量;其次对于无味燃气,还需要完成加臭工作。

通常情况下,城市门站接收到的燃气压力较高,因此需要对燃气压力进行调节,并向城市中进行分配。

图 3.10　门站

应用举例

北京市燃气集团目前有 4 个门站，接受的燃气压力为 4.0 MPa。

前面所述的各种调压工艺如果用于门站，还需要增加一些功能。主要包括为增加安全保证性，需要完善运行监督功能；紧急控制功能，即远传和遥控功能；伴热功能；燃气压力、流量、温度、密度和热值等数据测量功能以及传输功能等。因此，城市门站是一个多功能站，调压功能仅仅是它的基本功能之一。

3.2.1　门站常用基本结构形式

图 3.11 所示为门站用基本工艺流程设置，带有预热和计量设备。燃气经过滤和加热后进入工作调压器减压，在通过计量，进入下游。

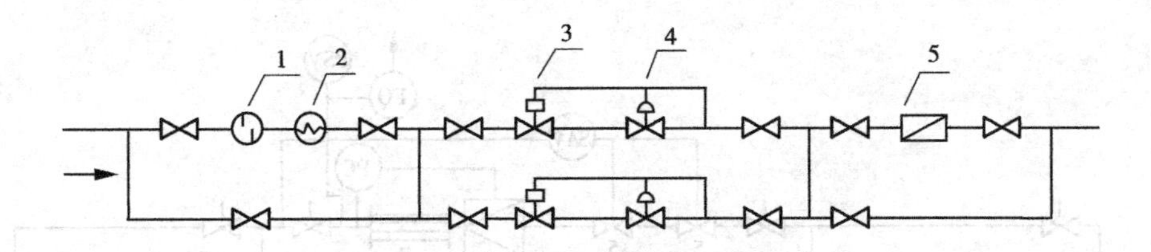

图 3. 11　一路装有预热和计量设备及装有部分旁通的双路调压装置

1—过滤器;2—预热器;3—切断阀;4—调压器;5—计量器

图 3. 12 所示工艺,可以在各个结构设备之间单个和交替地运行或迂回运行,因此具有较高的操作可靠性,但费用较高,一般大型门站才考虑使用。

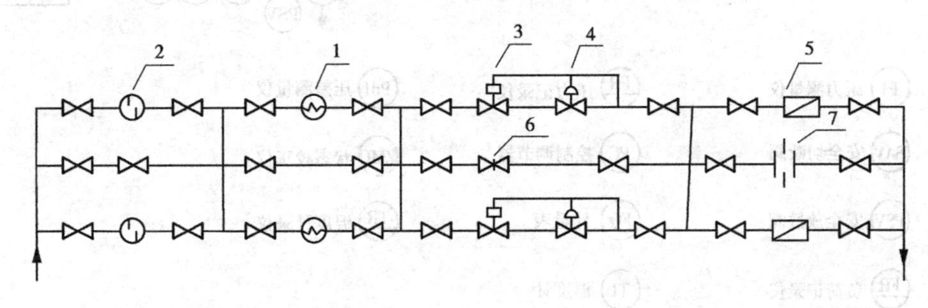

图 3. 12　带有流量计、可切断横向连接及全旁通和部分旁通的双路燃气调压装置

1—预热器;2—过滤器;3—切断阀;4—调压器;5—计量器;6—调节阀;7—孔板流量计

根据门站工艺的要求,比较完善的天然气门站单级调压计量装置工艺流程设计如图3. 13所示。该装置不仅可设在建筑物内,也可根据气候、环境条件选用适于高/次高压或高/中压压力调节的撬式集成装置。从图 3. 14 可以看到压力及流量信号传输信号线。

门站的工艺流程一般要考虑没有清管球接收装置。但是,对于大城市天然气供应系统若门站与分输站相邻,门门出来后的天然气需要进入较长的外环输气管道,考虑在长输管道的分输站中设有清管球接收装置,门站的工艺流程中不安装清管球接受装置,而安装清管球发送装置。其工艺流程如图 3. 15 所示。它是带有仪表控制节点的城市天然气门站工艺流程。

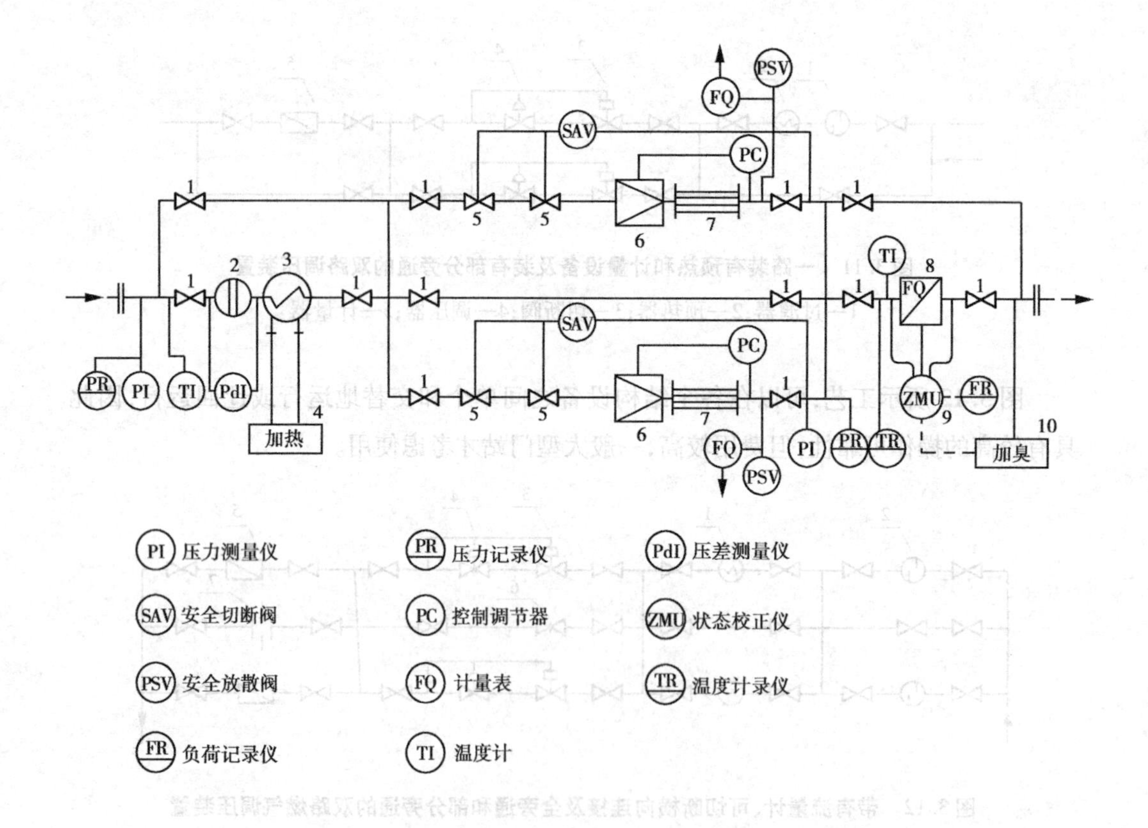

图 3.13　天然气门站工艺系统简图

1—切断装置;2—滤尘器;3—预热器;4—热水发生器;5—安全装置

6—调压装置;7—消音器;8—量气表;9—状态校正器;10—加味装置

图 3.14　北京燃总某门站室内调压部分

3.2.2　门站加臭及计量装置

(1)对于无味燃气的加臭在门站进行,图 3.16 为一套加臭系统的示意图。加臭比例是由各地燃气公司按照有关标准,根据当地气候、用气量等具体情况分析确定。

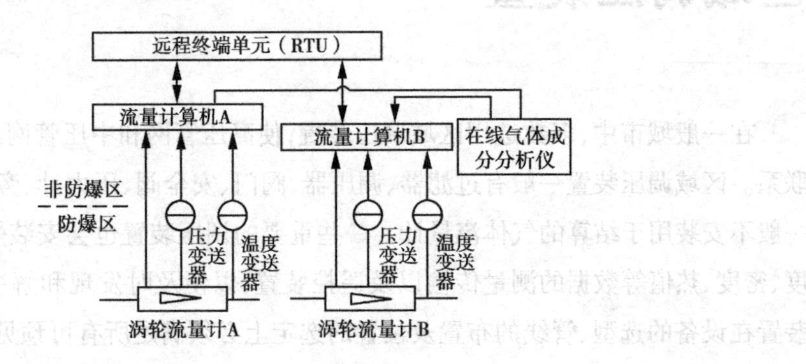

图 3.16　加臭系统

(2)城市门站的计量设备计数以上游供气方为准,但是为了燃气公司能够对输配系统的用气量以及加臭剂的加入量能够确认,在门站内也装入计量设备。其系统示意图如图 3.17 所示。

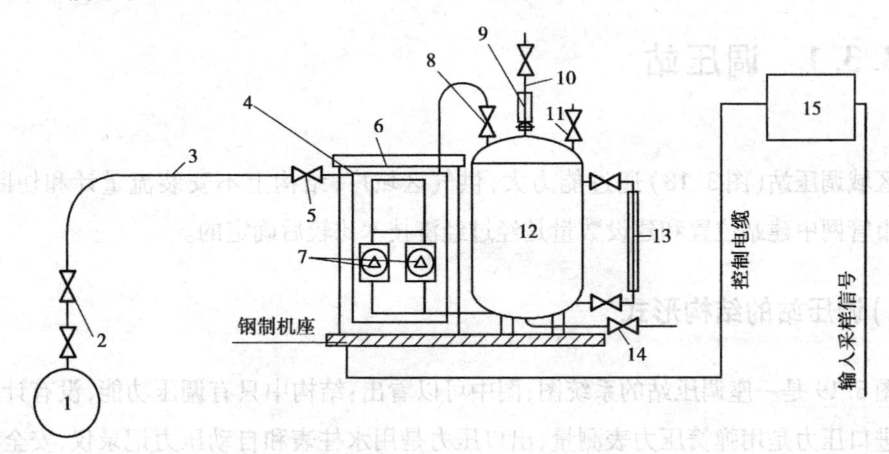

图 3.17　计量系统

1—燃气管道;2—注射器阀;3—加臭剂管线;4—加臭剂输送管线;
5—加臭阀;6—加臭机柜;7—加臭剂量泵;8—回流阀;9—呼吸阻火阀;10—防空阀;
11—进料阀;12—加臭剂储存筒;13—液位计;14—排污阀;15—控制器

3.3 区域调压装置

在一般城市中,多数选用区域调压装置,使高压管网和中压管网或低压管网建立起联系。区域调压装置一般有过滤器、调压器、阀门、安全阀、压力计、旁通管;在调压站内一般不安装用于结算的气体流量计。一些重要的调压装置也会安装燃气流量、压力、温度、密度、热值等数据的测量传输以及遥控装置,以便及时发现和解决问题。区域调压装置在设备的选型、管线的布置及位置的选定上必须满足所有可预见的运行条件,即系统使用性能能适应客观需求;能提供各种由于设备受损或失效而造成的间断供气或超压供气等的安全保护;不产生噪声,满足有关标准与建筑物安全距离的要求;经济上合理可行。

区域调压装置包括调压站、调压柜。

3.3.1 调压站

区域调压站(图 3.18)通过能力大,供气区域广,结构上不安装流量计和切断阀。在城市管网中建站位置和建设数量是经过经济技术比较后确定的。

1)调压站的结构形式

图 3.19 是一座调压站的系统图,图中可以看出:结构中只有调压功能,没有计量功能。进口压力是用弹簧压力表测量,出口压力是用水柱表和自动压力记录仪,安全设备为水封放散阀。运行人员每天必须现场操作,更换压力表纸并分析压力的变化是否正常,同时观察水封中水位的高低,并使其保持正常。如果出现异常,则进行维修。

图 3.18　北京燃总某调压站局部

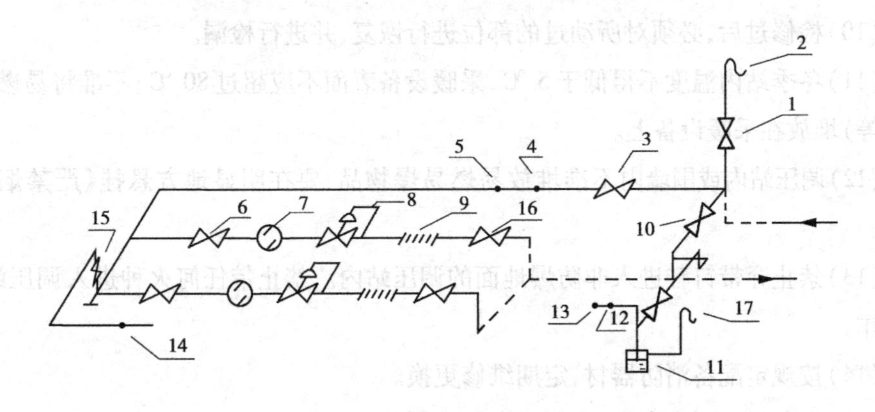

图 3.19　某调压站系统图

2)调压站的日常运行管理

北京市燃气集团对调压站运行管理如下：

(1)参加调压站运行、维修人员，都必须了解站内设备技术情况，熟悉操作技术和安全操作规程。

(2)调压站运行、维修人员不得少于2人，而且其中必须指定一人为工作负责人。

(3)在站内进行检修时，都必须穿规定的防静电工作服，要先打开站内门窗，加强室

内通风,尽量减少漏气。清洗、更换过滤器内的填料应在室外操作。

(4)在有爆炸混合物的时候,操作应用铜制工具;如用铁制工具须涂抹黄油。对工具和设备要注意轻拿轻放,避免碰撞。

(5)熟悉操作技术,严格执行设备维护、检修规定和设备炒作规程。

(6)检修后要认真组装调压器(包括指挥器),并用所使用燃气的工作压力来检查调压器是否漏气;对调压器进行性能试验和关闭压力试验;检查调压器运行情况是否正常。

(7)为保证备用调压器的正常供气,每月至少启动供气不少于4小时,并试验关闭压力,供气压力必须在合格范围内,否则应安排检修。

(8)调压器检修以后应立即投入运行,值班观测不得少于2小时,自动记录仪记录的压力曲线波动范围不得超过额定压力的+8%,关闭压力不得超过正常压力的1.25倍。

(9)修理站内电器设备必须断电操作,照明必须采用防爆灯,电话和其他电器开关必须设在调压室外。

(10)检修过后,必须对所动过的部位进行恢复,并进行检漏。

(11)冬季站内温度不得低于5 ℃,采暖设备表面不应超过80 ℃;不准将易燃物(如棉丝等)堆放在采暖设备上。

(12)调压站内或围墙内不准堆放易燃易爆物品,要在明显地方悬挂《严禁烟火》的标志。

(13)禁止穿带钉鞋进入非防爆地面的调压站内。禁止带任何火种进入调压站内进行操作。

(14)按规定配备消防器材,定期维修更换。

(15)定期校验压力表、安全阀及燃气报警装置。

(16)建立压力容器档案,并定期检测。

(17)定期检测避雷设施和监控设施。

(18)非工作人员禁止进入调压站,站房和围墙大门必须锁好。严格执行保卫规定。

(19)站内需要检修动火时,必须制订专项方案,经公司主管部门签署意见批准后,方可实施;施工现场应有主管安全的技术员在场监督实施。

3.3.2 调压柜

某些区域调压装置受环境和位置的影响，将设备安装在特制的箱体中，所起到的作用与调压站的作用相同。调压柜中一般安装切断设备，不安装计量设备；测量压力用弹簧压力表或液柱表。

1) 地上调压柜

图3.20所示为一台地上调压柜，此调压柜中有一台调压器、一台过滤器、一个旁通、进出口阀门、一个放散阀、进口弹簧压力表，连接出口压力表阀门一处。燃气由进口进入调压柜，经过滤进入调压器，调压后的燃气进入下一级压力管网。

图3.20 地上调压柜

2) 地下调压柜

当地上条件不允许时，可以将调压装置安装在地下，形成地下调压柜，如图3.21所示。地下调压柜的布置和安装见2.4.3。

(a) 安装实例图

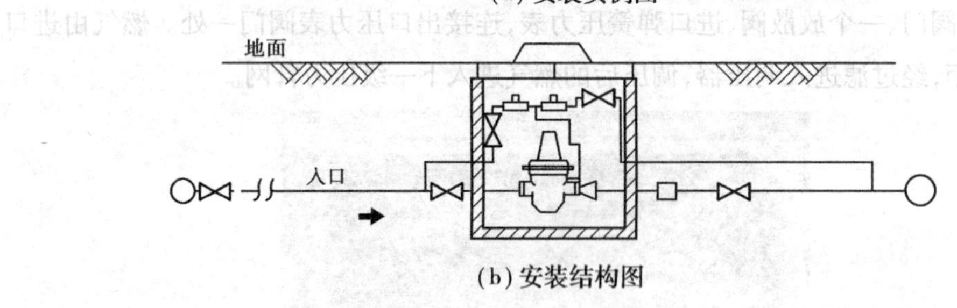

(b) 安装结构图

图 3.21　地下调压装置

3.4 用户调压装置

当燃气直接由中压或压力较高的低压供给生活用户时，应将燃气压力通过调压器直接降至燃具正常工作时的压力。这时，常常将用户调压器装在金属箱中挂在墙上，故亦称箱式调压装置。调压箱内装有调压器及简单附属设备。

箱式调压装置具有结构简单、体积小；流量小；运行安全可靠；维修方便等特点。

3.4.1 常见调压箱的结构形式

一般情况下，由于组成调压箱的调压器的通过流量较小，箱式调压装置常用于小型工业用户或公共建筑、居民住宅楼等，其常见的形式如图 3.22 所示。

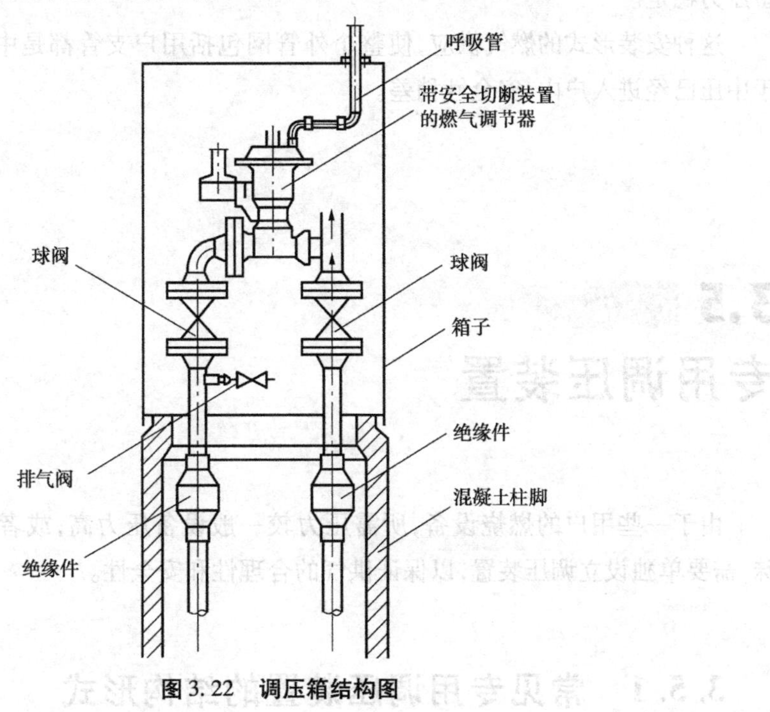

图 3.22 调压箱结构图

3.4.2 中压进户调压箱

中压进户调压箱一般安装在用户建筑物墙体上，中压燃气直接进入调压箱，经减压后进入用户。一台调压箱供一定数量的用户，箱体前为中压管道，箱体后为低压管道。这种调压箱的进口压力也等于调压箱的最小允许进口压力，采用中压管网，较为经济；由于燃气在经过调压箱后减为低压进户，所以用户使用燃气其安全性也较高。

3.4.3 用户调压装置系统(表前调压器)

表前调压器常用于高层,其作用是为了克服高层输气的附加压力,保证用户用气设备压力稳定。

这种安装形式的燃气供应,使整个外管网包括用户支管都是中压,比较经济;但由于中压已经进入户内,安全性稍差。

3.5 专用调压装置

由于一些用户的燃烧设备,所需压力较一般设备压力高,或者要求用气的性质特殊,需要单独设立调压装置,以保证供气的合理性和安全性。

3.5.1 常见专用调压装置的结构形式

某些工业用户、商业用户等所需要的使用压力高于民用低压时,将这些用户与中压管网相连,这样做在经济上较合理,同时可以减少低压管网的压力。

专用调压装置需要设置计量设备、更需要安装超压保护装置,一般选用安全切断阀。专用调压装置结构如图 3.23 所示。

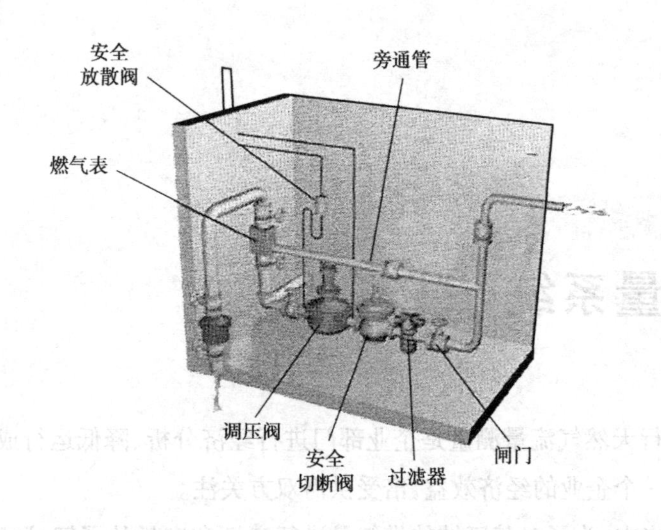

图 3.23　专用调压装置结构图

3.5.2　运行管理

所有与管网系统相连接的专用调压器均需设超压保护装置。

许多燃气公司将调压器和安全放散阀装于室外,但必须防止破坏和可能发生的水、雪和冰的侵害。如安装于室内,则调压器应设在支管的入口处,有良好的通风和采光面积。在调压室的高处和低处应设有通风道,有足够的排风量,以便将少量未觉察到的漏气从上部排走。调压器薄膜、指挥器和放散阀的排气必须排向室外,并远离建筑物的入口。在洪水区,所有的排气管均应高出洪水线。安装好的燃气调压器应易于接近,便于从内外进行检测,并留有适当的空间进行修理、维护和抄表。

调压器和阀口的尺寸有两种选择方法:一是按用户的最大负荷和调压器入口处燃气系统的最小压力进行选择;另一种是按燃气系统在正常运行压力下,用户的最大负荷相当于调压器能力的50%进行选择。

如果需要对设备进行维修而又不能停气,应用旁通供气。过滤器安装在流量计的上游。为了保证过滤器正常工作,在投入运行或达到最大流量时,检测过滤器两侧压差。开始每日检查,之后每周检查,然后按需检查。

3.6 调压计量系统

准确地进行天然气流量测量是企业部门进行经济分析、降低运行成本的关键一环,直接地影响着一个企业的经济效益,倍受供需双方关注。

在燃气供应中,为了对某区域的供气量进行定性和定量的了解,调压装置中往往包含有流量测量设备。根据流量和压力状况,调压器可安装在气表的上游或下游。有固定压力校正度量装置时,调压器可安装在气表的上游;但如为了充分利用较高压力可用小型气表的优点,则调压器宜安装在气表的下游。不论调压器安装于何处,气表必须有一个压力校正装置以补偿燃气压力的变化,除非在上游再设一个调压器。

燃气流量的测量主要是进行燃气体积测量,测量仪表(体积测量仪)有:超声波流量计、容积式流量计、流速式流量计、差压式流量计、涡街式流量计、罗兹式流量表。

3.6.1 容积式燃气表

容积式流量计是属于直接式体积流量计,在测量过程中,它不断地将与计量室体积相同的燃气隔开,形成可数的分体积,并借助计数机构确定隔开相同体积的次数,直接测得燃气体积量并读出数字。即容积式流量计是通过周期性注入排空一个或几个计量室来进行体积测定的。

1)膜式计量表

膜式计量表如图 3.24 所示,被测量的燃气由表入口充满表内空间,然后再进入计量室 2 及 4,依靠薄膜两侧压力差使计量室薄膜运动,迫使计量室 1 及 3 内的气体从出口流出。薄膜往返运动一次,完成一个回转,这时表的读数值就为表的一回转流量。膜式表可以与智能卡配合使用,例如常用的 IC 卡表。

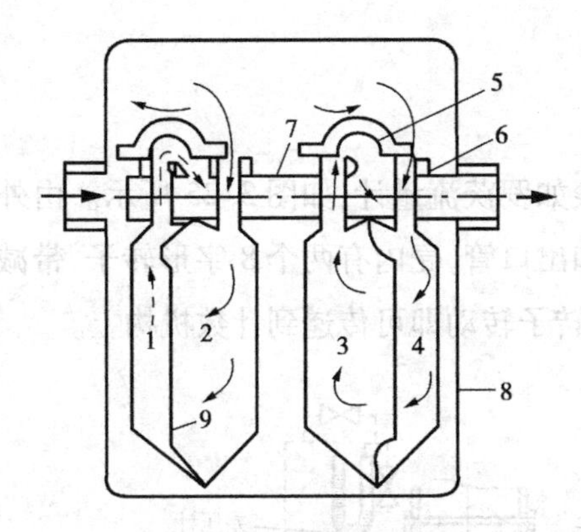

图 3.24　膜式计量表

1、2、3、4—计量室;5—滑阀盖;6—滑阀座;7—分配室;8—外壳;9—薄膜

知识窗

IC 卡燃气表即 IC 卡膜式智能型燃气表的简称。它是以膜式燃气表为基表,加装电子控制器所组成的一种具有预付费功能的燃气计量装置。其控制器一般由计量传感器电路、微功耗单片机、微功耗阀门、电压测试电路、防窃气电路等部分组成。具有精确记数功能、功能卡传输媒介功能、阀门自动处理功能、非法操作处理功能、欠费处理功能、掉电处理功能、数据下载功能、数据显示与声音提示功能等。其工作原理为:用户交款后,所购气量数据被写入卡中,用户将 IC 卡插入燃气表上的控制器内,即可输入燃气并显示控制器内存的气量,再取出 IC 卡。用气时自动扣减:当表内剩余气量小于事先设定的报警气量时,给出声音报警,提示用户及时购气;当剩余气量为零时,关闭阀门,用户重新购气插卡打开阀门用气。管理 IC 卡燃气表的计算机系统功能主要有:用户管理、售气账务管理、系统操作员管理、系统维护管理、测试维护管理、售气查询、银行联机售气、POS 售气、手持机维修系统、日志管理。因而 IC 卡燃气表能够生成多种统计报表,便于科学管理。

2) 回转式流量计

常用的回转式流量表如罗茨流量计,如图 3. 25 所示。由外壳,转子,减速器三部分构成。外壳上有入口管和出口管,壳内有两个 8 字形转子,带减速器的计数机构通过联轴器与一个转子相连接,转子转动即可传递到计数机构上。

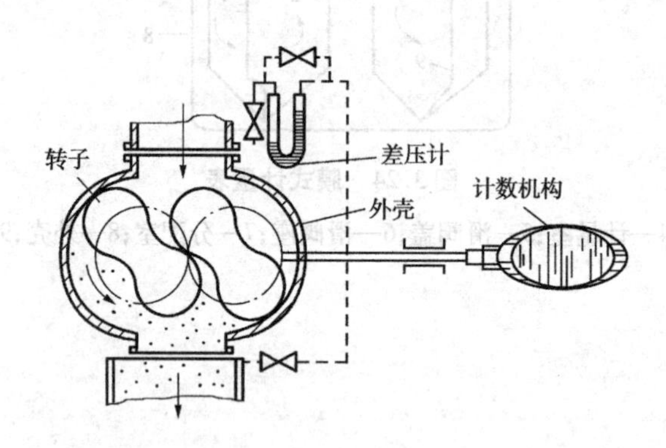

图 3. 25　回转式流量表

燃气由进口管进入外壳内部的上部空腔,利用本身的压力使转子运转,使燃气经过计量室后从出口排出。转子回转一周,相当于流过了 4 倍计量室的体积。

3) 湿式流量计

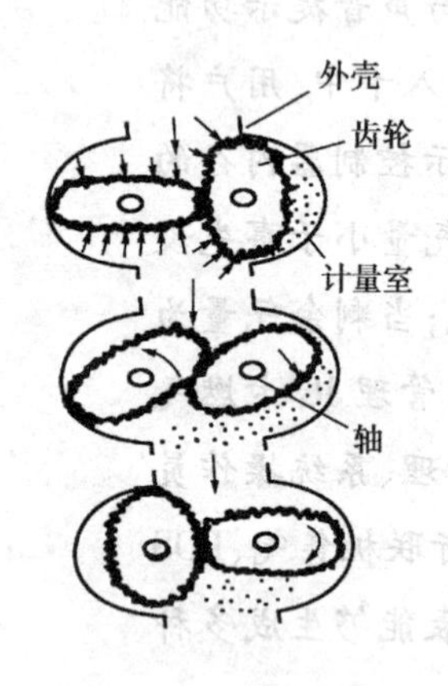

图 3. 26　湿式流量表

湿式流量计结构简单、精度高、使用压力低、流量较小,通常用在实验室中或用来校正民用燃气表。

湿式流量计构造如图 3. 26 所示。在圆柱形外壳内装有计量筒。圆柱形筒内装水作为液封,液面高度由液面计控制,被测气体只能存在于液面上部计量筒的小室内,当有气体流动时,由于气体进口与出口的压力差,驱使计量筒转动。计量筒内一般有四个小室(也有三个小室的),小室的容积恒定,故每转一周就有一定量的气体通过。随着计量筒及轴转动,带动齿轮减速器及表针转动,记录下气体的累计流量。

3.6.2 速度式流量计

速度式流量计属于间接式体积流量计，它是根据流体流速间接地进行体积确定。如图2.27所示，一个装有叶片(叶轮)的涡轮盘(透平叶轮)运动，其角速度和流动速度成正比。由于测量面内的横截面不变，故角速度(转数)也是体积流量的度量单位。

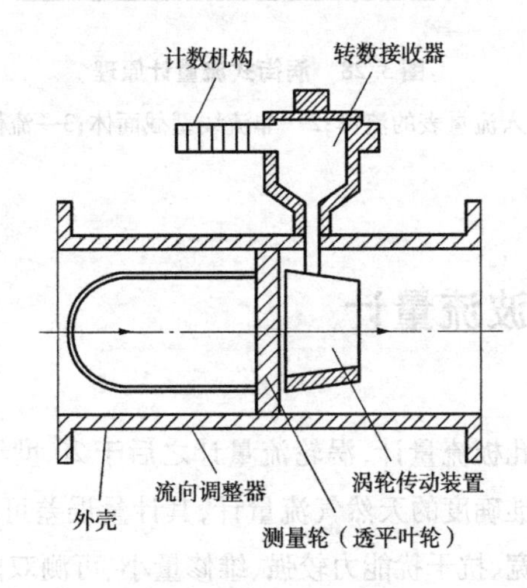

图3.27 速度式流量表

3.6.3 差压式流量表

差压式流量计原理是气体通过突然缩小的管道断面时，产生压降，压降的大小和流速有关，借助于差压计可测出压降。差压式流量计由两部分构成：一是孔板等与管道相连接的节流元件，另一部分是差压计，用来测量孔板前后的压力差。

3.6.4 涡街式流量表

涡街式流量计属于流体振荡型仪表，是旋涡流量计中的一种。如图3.28所示，在一个2度流体场中，当流体绕流于一个非流线型断面的物体时，在此物体的两侧就将交替地产生旋涡，旋涡体长达到一定程度就被流体推动，离开物体向下游运动，这样就在尾流中产生两列错排的随流体运动的旋涡阵列，此阵列称为涡街。对稳定的涡街进行测量即可知气体流量。

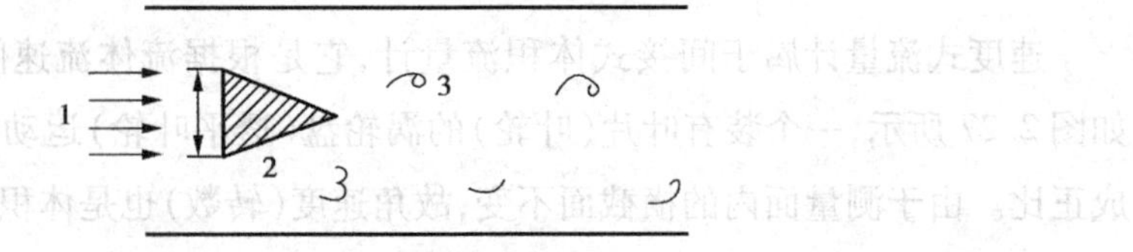

图 3.28 涡街式流量计原理

1—进入流量表的流体；2—非流线型截面体；3—流体旋涡

3.6.5 超声波流量计

超声波流量计是继孔板流量计，涡轮流量计之后于 20 世纪 90 年代出现的第三类适用于高压、大口径、高准确度的天然气流量计，其计量误差可控制到 0.5%，具有准确度高、重复性好、量程比宽、抗干扰能力较强、维修量小、可测双向流等特点，该流量计外观如图 3.29 所示。

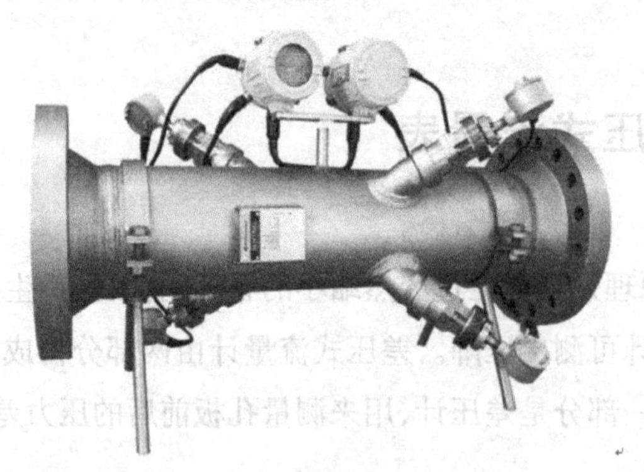

图 3.29 商贸结算用天然气超声波流量计

超声波流量计的主要性能特点如下：

①无阻挡，无可动部件，无压损，无示值漂移现象，量程比较宽；

②不受气体压力、温度或组分变化的影响；

③不受气体中固体颗粒或组分变化的影响；

④重复性好，准确度高，线性好；

⑤单片机系统有自检测与自诊断功能，易于实现通信；

⑥相对于管轴线是绝对轴对称的，不受安装方位、速度分布和涡流的影响。

超声波流量计广泛使用时差测量方法。

1）时差测量方法

时差测量方法可简单地比喻为在河流上渡船摆渡如图 3.30 所示，顺流摆渡到达对岸所需的时间要比逆流的少；流水的流速越大，顺流的速度越快，而逆流所需的时间越长。顺流和逆流所需时间的时间差直接与河流的流速有关。在超声波流量计中，超声波好比渡船，流体的流速等同于河流流速。在纵向有偏移的测量管道两侧，分别安装 2 个电声变换器，电声变换器发送和接收的短促声脉冲信号穿过管道中流动的介质，这时测得的超声波顺流和逆流传播的时间差与流体的流速成正比。

图 3.30 渡船实例

2）时差测量原理

超声波流量计的基本原理是超声波在流动的流体中传播时，截止流体流速的信息，因此，通过对接收到的超声波进行测量，就可以检测出流体的流速，从而换算成流量。超声波流量计由超声波换能器、信号处理电路、单片机控制系统三部分组成，在有气体流动的管道中，超声脉冲顺流传播的速度要比逆流时快；流过管道的气体的速度越快，超声顺流和逆流传播的时间差越大。超声波流量计分为时差式流量计(测量顺流和逆流传播的时间差)、相差式流量计(测量顺流和逆流传播的相位差)、频差式流量计(测量顺流和逆流传播的循环频率差)、多普勒超声波流量计(以物理学中的多普勒效应为工作原理,适用于对两相流的测量)。

流量计以测量声波在流动介质中传播的时间与流量的关系为原理。通常认为声波在流体中的实际传播速度是由介质静止状态下声波的传播速度(c_f)和流体轴向平均流速(v_m)在声波传播方向上的分量组成。

按图 3.31 所示,顺流和逆流传播时间与各量之间的关系是:

$$t_{down} = t_{AB} = \frac{L}{(c_f + v_m \cos\varphi)} \tag{3.1}$$

$$t_{up} = t_{BA} = \frac{L}{(c_f - v_m \cos\varphi)} \tag{3.2}$$

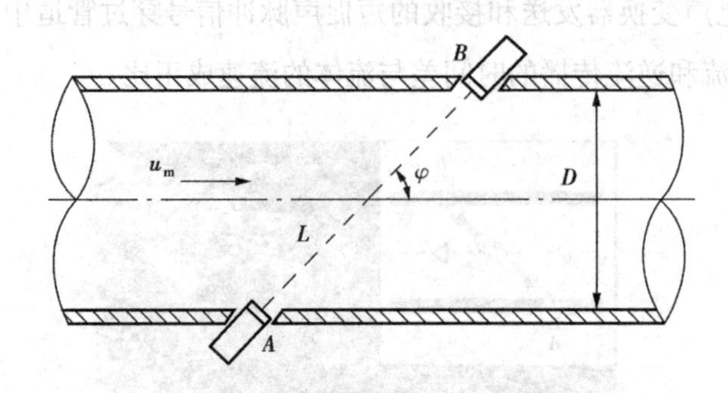

图 3.31　示意图

式中　t_{up}——超声波在流体中逆流传播的时间;

t_{down}——超声波在流体中顺流传播的时间;

L——声道长度;

c_f——声波在流体中传播的速度;

v_m——流体的轴向平均流速;

φ——声道角。

可利用上述的两个公式得出流体流速的表达式

$$v_m = \frac{L}{2\cos\varphi}\left(\frac{1}{t_{down}} - \frac{1}{t_{up}}\right) \tag{3.3}$$

也可以用相似的方法获得声波的传播速度：

$$c_f = \frac{L}{2}\left(\frac{1}{t_{down}} + \frac{1}{t_{up}}\right) \tag{3.4}$$

式中 L——声道数量。

将测得的多个声道的流体流速利用数学的函数关系联合超来，可得到管道平均流速的估计值 $\bar{v}$，乘以过流面积 A，即可得到体积流量 q_V：

$$q_V = A\bar{v} \tag{3.5}$$

其中 $\bar{v} = f(v_1, \cdots, v_l)$。

注：即使是给出了路径的数目，但 $f(v_1, \cdots, v_l)$ 的精确形式也会因声道排列情况以及数值计算方法的不同而不同。

知识拓展

计量表涉及以下几个技术概念：

- 负荷范围：最大流量和最小流量确定的范围。
- 工作压力：级量表入口处的气体压力和大气压力间的差值被视作燃气表的工作压力。
- 压力损失：计量表进出口处燃气压力差值为压力损失。
- 误差范围：测出的流量与实际流量差值与实际流量的百分比。
- 附加设备：与燃气表相连的流量矫正器、自计仪、计算机等。

更多的计量设备、安装等知识参见本系列教材《计量管理》。

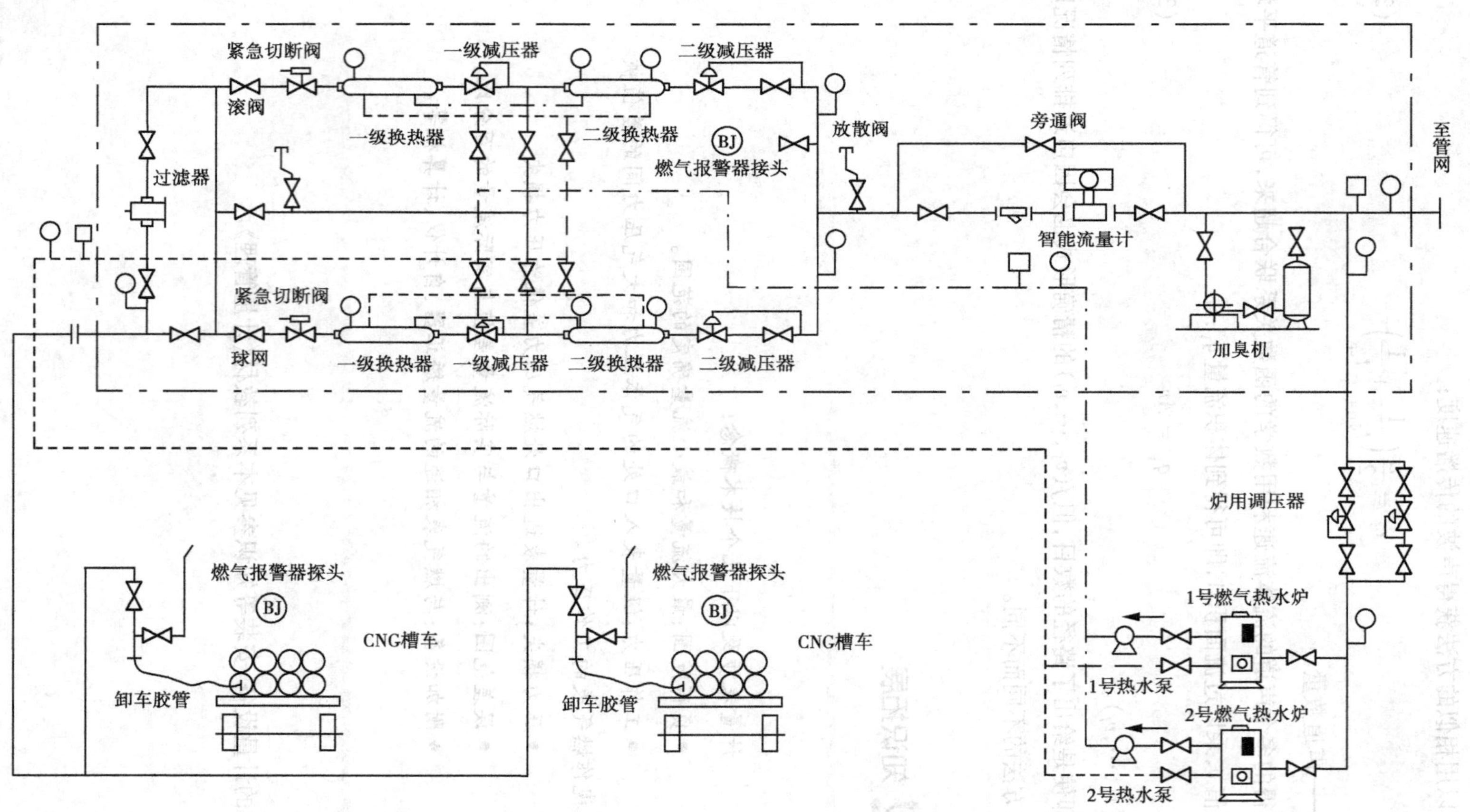

图3.32　CNG减压系统工艺流程图

3.7 CNG 减压系统

在高中压取气点建立加气母站，将天然气加压至 15 ~ 25 MPa，然后装入高压钢瓶拖车，通过公路运输送至加气子站供汽车加气。

天然气首先经计量、调压后进入净化装置，脱除超标的水、硫化氢、二氧化碳，净化后的天然气经压缩机加压，加压后的天然气压力为 15 ~ 25 MPa，再通过加压站的高压胶管和快装接头向 CNG 钢瓶拖车充气，当拖车上的钢瓶压力达到设定值后，压缩机自动停机停止充装。CNG 钢瓶拖车通过公路运输到达城镇卸气站，通过卸气站的高压胶管和快装接头卸气。CNG 首先进入一级换热器加热（防止天然气通过调压器减压时温降过大，影响后续设备及管网的正常运行），再进入一级调压器减压，之后依次经过二级换热器、二级调压器、三级调压器，将压力调至城镇管网运行压力，经计量、加臭后进入城镇输配管网。

CNG 减压系统的工艺流程如图 3.32 所示。

3.8 CNG 预热

非理想气体在压力降低情形下出现温度的变化。温度变化的大小和方向与降压气体种类、降压多少、降压的温度有关。例如：氢气在降压时温度升高，甲烷在降压时温度降低。

天然气减压时，产生的温度降为 0.4 ℃/bar(0.004 ℃/kPa)。据此推算，当降压 200

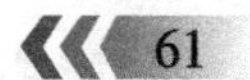

bar(20 MPa)时,将降温 80 ℃,当入口燃气温度平均为 20 ℃时,经 CNG 减压系统减压后,出口燃气温度为 -60 ℃,这就会由于过冷而出现故障,因而需要对天然气进行预热。

1)天然气预热装置

图 3.33 为天然气预热装置,其热交换器的加热介质可使用蒸气或热水。利用锅炉进行加热,一般供回水温度可规定为 60 ~ 70 ℃。锅炉燃烧温度由燃烧机来控制,以保证燃气调压装置出口处燃气温度的恒定。燃气降压后温度的测量由传感器完成。

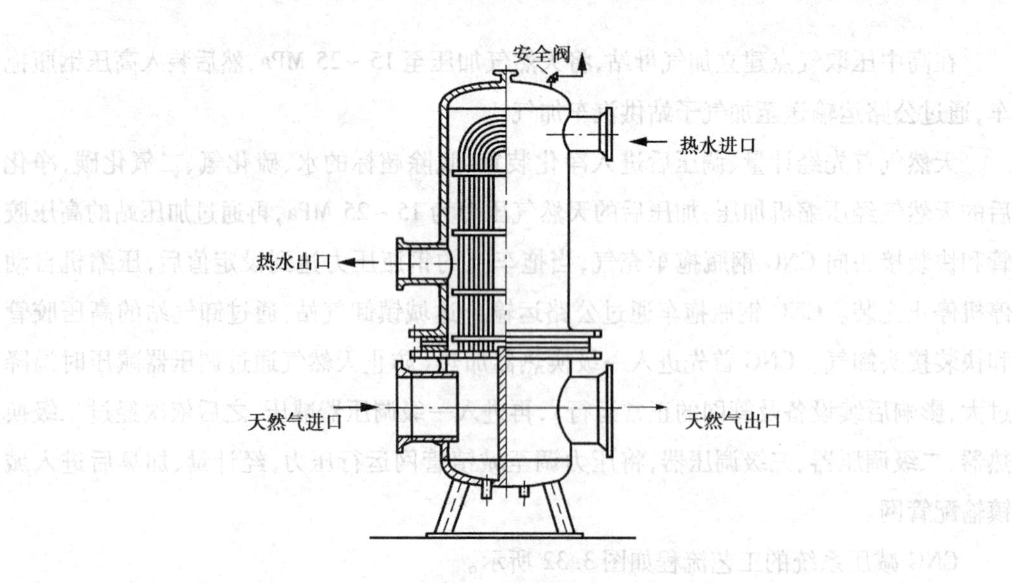

图 3.33　天然气预热装置结构图

2)预热装置所需的功率

一台热交换器在对燃气进行加热时,所需换热量可由下式粗略得到:

$$Q = q_n \cdot C_p \left(\Delta P \frac{dt}{dp} + t_2 - t_1 \right) \tag{3.6}$$

式中　Q——热功率,W;

q_n——燃气标准体积流量,m^3/h;

C_p——燃气比热,$J/(m^3 \cdot ℃)$,视压力和温度的高低而定,对于天然气 C_p 取 0.4 ~ 0.7 $J/(m^3 \cdot ℃)$;

t_2——降压后的温度,℃;

t_1——装置进口处温度,℃;

ΔP——降压前后的压差,bar;

$\frac{dt}{dp}$——温降的微分,在这里近似取作常数,0.4 ℃/bar(0.004 ℃/kPa)。

学习鉴定

1. 填空题

(1)________是长输管线的末端,同时也是城市燃气管网的首端。它是连接________与________之间的连接点。

(2)用户表前调压器常用于高层,其作用是为了克服________,保证用户用气设备________。这种安装形式的燃气供应,由于中压已进入户内,________稍差。

(3)非理想气体在压力降低情形下出现温度的变化。温度变化的________和________与降压气体种类、降压多少、降压的温度有关。例如:氢气在降压时温度________,甲烷在降压时温度________。

(4)天然气减压时,产生的温度降为0.4 ℃/bar(0.004 ℃/kPa),据此推算,当降压200 bar(20 MPa)时,将降温________。

2. 问答题

(1)叙述门站的功能。

(2)简述超声波流量计的工作原理。

3. 画图说明题

(1)请画出门站一路装有预热和计量设备及装有部分旁通的双路调压装置，并说明其工作过程。

(2)根据所学知识，试画出一调压站可行的调压工艺图，并说明其工作过程。

4 自动调节系统概述

核心知识

- 自动调节系统的组成、分类
- 自动调节系统的过渡过程
- 过渡过程的品质指标

学习目标

- 了解自动调节系统及其组成
- 理解自动调节系统的过渡过程
- 理解自动调节过程的品质指标及静态、动态特性城镇燃气用调压器是属于自动调节阀,因此我们学习燃气调压器的结构、原理,了解调压器工作过程,应从自动控制角度出发,了解一些自控知识。

4.1 自动调节系统的产生

自动调节是在人工调节的基础上产生发展起来的,我们以调压器的产生发展为例来对自动调节系统加以分析说明。

4.1.1 人工调节与自动调节

如图4.1所示,燃气通过阀口由左侧进入右侧,以补充下游用户的用气量。为了保证下游供气压力的恒定,就必须在右侧气体出口处安装一压力表,操作人员根据允许的出口燃气压力的波动范围,观察压力表的变化,当发现压力表压力值低于允许压力值下限时,则开大阀口,增大过气量,使压力恢复正常;当发现压力表压力值高于允许压力值上限时,则关小阀口,减小过气量,使压力值恢复正常。

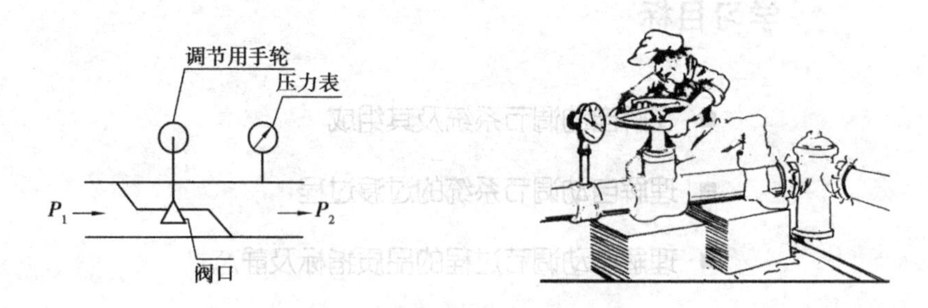

图4.1 调压器人工调节示意图

操作人员所进行的工作是:观察压力计的指示值;将压力指示值与允许压力范围值加以比较,并算出两者的差值;当压力值偏高时,则关小阀口,而当压力值偏低时,则开大阀口。

将上述三步工作不断重复下去，直至压力值回到要求的数值上。这种由人来进行的调节就叫作人工调节。

从上述可知，要进行人工调节，必须有一个测量元件（如上例中的压力计）和一个被人工操作的器件（如上例中的调节阀）。人们把压力指示值与要求压力范围进行比较，就会得到压力偏差的大小，根据这个偏差大小进行判断，并决定如何去控制阀门，使偏差得到校正。所以，人工调节过程实质上就是“检测偏差，纠正偏差”的过程。

众所周知，人工调节往往是比较紧张和繁琐的工作，而且容易出现差错；另外，由于人眼的观察和手的操作动作，受人生理机能的限制，所以无法达到高精度调节的要求。假若由一个自动调节装置来完成上述人工操作，就可实现压力的自动调节。图 4.2 为调压器自动调节系统示意图。调节器 3 将敏感元件 2 反映的压力测量值与要求出口值进行比较和运算，用以控制执行机构 4 和调节阀 5，使流入下游的流量与下游用量自动地保持平衡，以实现压力的自动调节。

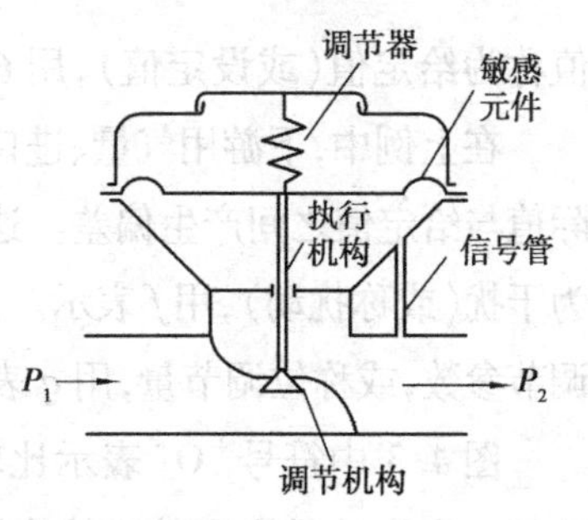

图 4.2 调压器自动调节示意图

从上述人工调节与自动调节过程的分析来看，敏感元件相当于人工调节中的压力计；调节器代替人的眼睛和大脑，对压力实际值与要求值进行比较和运算；执行机构则相当于人的双手。在人工调节中，人是凭经验支配双手操作的，其效果在很大程度上取决于操作人员的经验。而在自动调节中，调节器是根据偏差信号，按一定规律去控制调节阀的，其效果在很大程度上取决于调节器的调节规律的选用是否恰当。

4.1.2 自动调节系统的组成

图 4.2 所示的压力自动调节系统，它是由信号管 1、敏感元件 2、调节器 3、执行机构 4 和调节机构（调节阀）5 组成的。其中信号管返回的燃气压力为调节对象（简称对象）。

为了能更清楚地表示一个自动调节系统各组成部分（或称环节）之间的相互影响和信号联系，一般都用方块图（或称方框图）来表示调节系统的组成。例如图 4.2 的压力自动调节系统可以用图 4.3 的方块图来表示。每一方块（框）表示系统的一个环节，用带有箭头的线条表示环节之间的联系和信号的传递方向，在线上用字母表示作用信号。

图 4.2 中压力就是工艺上要求恒定的参数，在自动调节系统中称为被调参数（或被调量），用 θ_a 表示。在方块图中，被调参数就是对象的输出信号。对被调参数规定的数

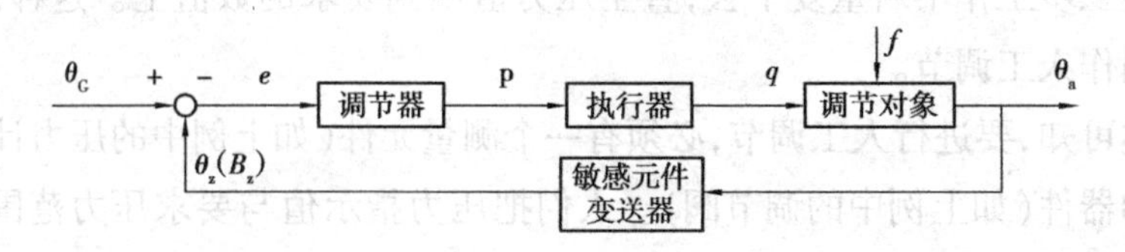

图 4.3　压力自动调节系统的方块图

值称为给定值(或设定值),用 θ_G 表示。

在上例中,下游用气量、进口压力等因素的变化会使出口压力发生变化,使压力的实际值与给定值之间产生偏差。这些引起压力产生偏差的外界因素,在自动调节系统中称为干扰(或称扰动),用 f 表示。上例中调节阀动作的结果,是使被调量保持在给定值上的调节参数,或称位调节量,用 q 表示。调节量 q 和干扰 f 对对象的作用方向是相反的。

图 4.3 中符号 $^+\text{O}^-$ 表示比较元件,它往往是调节器的一个组成部分,在图中把它单独画出来为的是说明其比较作用。在这种元件上常常作用着好几个输入量和一个输出量,输出量等于输入量的代数和。被调量实测值可以由敏感元件直接输出,但当敏感元件输出信号 θ_z 与调节器要求的信号不相符合时,则需将敏感元件发出的输出信号 θ_z 与给定值 θ_G 相比较得到的压力偏差值 e 作用在调节器上,使调节器输出一控制信号 p,而 p 则作用在执行机构上,改变调节阀的开度,控制调节量 q。

由图 4.3 可以看出,从信号传送的角度来说,压力自动调节系统是一个闭合的回路,所以叫作闭环系统。还可看出,系统的输出参数是被调参数,但是它经过敏感元件后,又返回作用到调节器的输入端。这种把系统的输出信号又引到系统输入端的做法叫作反馈。如果反馈信号使被调参数变化减小,称为负反馈;反之,称为正反馈。

城镇燃气用调压器是后压反馈式减压调节阀。

4.2 自动调节系统的分类

在分析自动调节系统特性时,给定值的形式不同会涉及不同的分析方法。按给定值的不同自动调节系统可分为三类,即定值调节系统、程序调节系统和随动调节系统。

4.2.1 定值调节系统

在定值调节系统中被调参数的给定值是恒定的，如锅炉水位调节中水位的给定值和恒温、恒湿工程中的温湿度的给定值要求恒定。供热、供燃气、通风和空气调节的自动调节系统，大多数属于这种类型。

4.2.2 程序调节系统

程序调节系统的给定值是变化的，它往往是一个已知的时间函数。例如，环境试验室的温湿度自动调节系统，一般把温湿度要求按时间编成程序来进行控制。

4.2.3 随动调节系统

在随动调节系统中，被调参数的给定值是某一未知变量的函数，而这个变量的变化规律是随机的，事先是不知道的。

除上述按给定值方法分类外，还有其他的分类方法，如按工艺参数来分，可分为温度自动调节系统、压力自动调节系统、水位自动调节系统和流量自动调节系统等。如按系统的结构特点来分，可分为反馈自动调节系统、前馈自动调节系统和复合(反馈加前馈)自动调节系统。如按自动调节装置实现的调节动作与时间的关系来分，可分为连续调节系统和断续调节系统等。

4.3 自动调节系统的过渡过程

为了分析自动调节系统的品质指标，首先得分析自动调节系统的过渡过程。假定

图4.2中的压力自动调节系统原来处于一个稳定平衡的状态,即通过调节器的燃气量等于下游用户用掉的燃气量,压力将稳定在某个数值上。如果在某个时刻,下游用气量突然增加了,或破坏了这种平衡状态,出口压力就会变化。自动调节的作用就在于克服干扰的影响。从干扰的发生,经过调节,直到系统重新建立平衡,在这一段时间中整个系统的各个环节和参数都处于变动状态之中,这种变动状态叫作动态。干扰作用前后的稳定平衡状态就叫作静态。了解系统的静态固然重要,但了解系统的动态更为重要。当调节系统处在动态阶段中,被调参数是不断变化的,这一随时间而变化的过程称为过渡过程,也就是系统从一个平衡状态过渡到另一个平衡状态的过程。

自动调节系统所要克服的干扰有大有小,有的变化很快,有的变化比较缓慢。一般说来,缓慢的干扰总是比突然的干扰更容易克服些。我们常把一种突然地从一个数值变化到另一个数值,而且一经加上就持续下去不再消除的干扰称为阶跃干扰,如图4.4所示。阶跃干扰是最不利的干扰形式,如果一个调节系统能很好地克服阶跃干扰的影响,那么它对于其他形式的干扰,也就不难克服。所以我们常把对阶跃干扰的反应作为判别系统抗干扰能力好坏的标准。

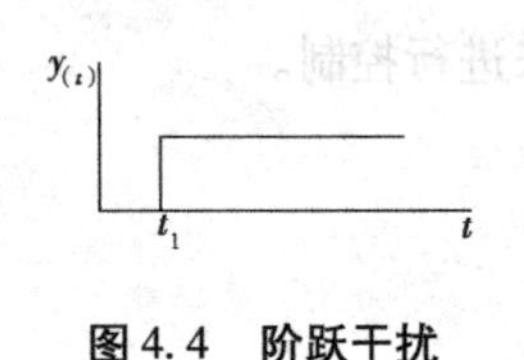

图4.4 阶跃干扰

4.3.1 过渡过程的基本形式

当系统受到阶跃干扰作用时,系统的过渡过程有如图4.5所示的几种基本形式。

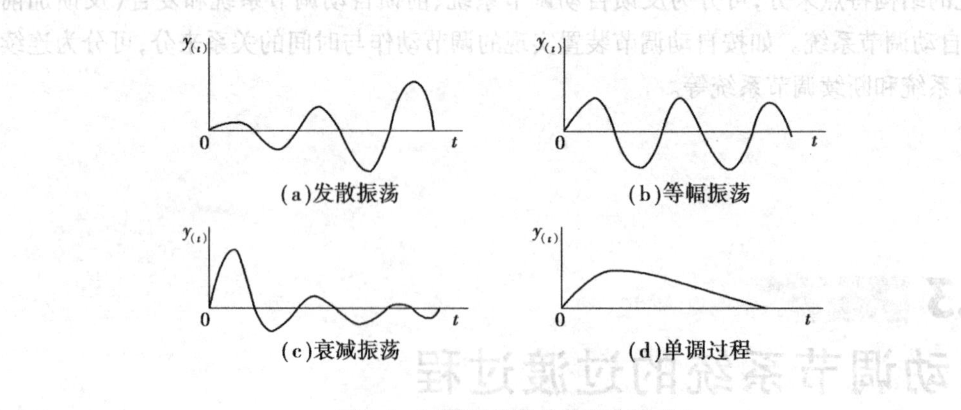

图4.5 过渡过程的几种基本形式

曲线(a)是发散的振荡过程,被调参数的变化幅度愈来愈大,这是一种不稳定的过程,在自动调节系统中是应该避免的。

曲线(b)是等幅振荡过程,在连续调节系统中一般认为它是不稳定和不允许的。

曲线(c)是一个衰减的振荡过程,被调参数经过一段时间的振荡后,能很快地趋向于一个新的平衡状态。这种过渡过程是比较理想的。

曲线(d)是非振荡的过渡过程,又称单调过程。这种过渡过程是允许的,但由于过渡过程时间太长,一般认为很不理想。

综上所述,曲线(a)及(b)是不稳定的过渡过程,而曲线(c)及(d)是稳定的过渡过程。在多数情况下,都希望得到像曲线(c)那样的衰减振荡。

4.3.2 过渡过程的品质指标

1)衰减比

衰减比 n 是表示衰减程度的指标。如图 4.6(a)所示。它是前后两个波峰值之比,即$n=B/B'$。当 $n\leqslant 1$ 时系统不稳定。当 n 只比 1 稍大一点时,过渡过程衰减很慢,与等幅振荡过程接近,由于振荡过于频繁、不够稳定,一般不采用。如果 n 很大,则又接近非周期的单调过程,通常也是不希望的。一般,$n=4\sim10$ 为宜。衰减比在这之间时,过渡过程开始阶段的变化速度比较快,图 4.6(b)曲线的 n 接近于 4,被调参数在受到干扰作用后,调节作用比较快地克服干扰的影响,使被调量的偏差不会很大,而且振荡数次后就会很快稳定下来。

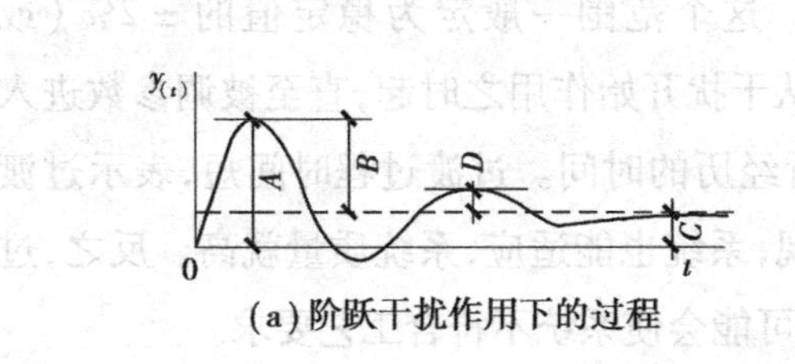

(a)阶跃干扰作用下的过程

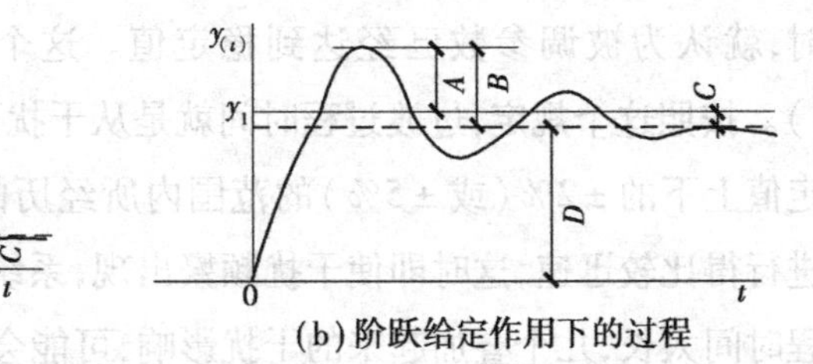

(b)阶跃给定作用下的过程

图 4.6　过渡过程质量指标

2)静差

静差又称余差,是指过渡过程终了时的残余偏差,也就是被调参数的稳定值与给定值之差,在图4.6中以 C 表示,其值可为正也可为负。在生产中被调参数的静差要求限制在给定值的允差范围内。在调压过程中,调压器得出口压力的稳压精度反映的就是这一概念。

3)最大偏差

被调参数偏离给定值最大值叫最大偏差。对于衰减振荡过渡过程,最大偏差出现在第一个波峰,在图4.6中以 A 表示。最大偏差表示系统偏离给定值的程度,若偏离大,且偏离间又长,则系统离开规定的工艺状态就越远,这是不希望的。因此,最大偏差是衡量调节质量的一个主要指标。

4)超调量

超调量表示被调参数度的偏离程度,在图4.6中,超调量用 B 表示,即它是第一个峰值与新稳定值之差,并且 $A=B+C$(在(b)图中 C 为负值)。

5)过渡过程时间

自干扰发生起至被调参数又建立新的平衡为止,这一段时间叫作过渡过程时间。从严格的意义上讲,被调参数完全达到新的稳定状态需要无限长的时间。实际上,被调参数是根据工艺要求,在稳定值上下规定一个小的范围,当指示值进入这一范围而不再越出时,就认为被调参数已经达到稳定值。这个范围一般定为稳定值的 ±2%(或 ±5%)。按照这个规定,过渡过程时间就是从干扰开始作用之时起,直至被调参数进入新稳定值上下的 ±2%(或 ±5%)的范围内所经历的时间。过渡过程时间短,表示过渡过程进行得比较迅速,这时即使干扰频繁出现,系统也能适应,系统质量就高。反之,过渡过程时间太长,几个叠加起来的干扰影响,可能会使系统不符合工艺要求。

6)振荡周期或振荡频率

过渡过程从第一个波峰到第二个波峰之间的时间叫振荡周期(简称周期),其倒数称为振荡频率。在衰减比相同的条件下,周期与过渡过程时间成正比,一般希望周期短一些好。

综上所述,过渡过程的质量指标主要有:衰减比、静差、最大偏差、超调量及过渡过程时间等。其中衰减比、最大偏差及超调量表示系统的稳定性能,过渡过程时间表示系统的快速性能,这两方面都反映了系统的动特性;而静差的大小则表示系统静特性的好坏,也反映了系统的精度。

4.4 静态特性和动态特性

通过以上的讲解,我们知道:判断一个自调系统质量好坏的依据,就是阶跃干扰作用后被调参数的过渡过程,也就是被调参数随时间变化的过程。质量指标主要有静差、衰减比等。这些质量指标主要取决于自调系统的特性,而自调系统的特性又是每个环节的综合。各个环节有静态和动态两种特性。所谓静态特性是指每个环节的输入与输出的关系,与时间无关。所谓动态特性是指干扰发生后每个环节随时间而变化的状态。

调压器的静态是反映在进口压力 P_1 和流量 Q 均处于稳定不变时调压器的工作状态。

学习鉴定

问答题

如何理解压力调节的自动过程

5 调压器的构造及工作原理

核心知识

- 直接作用式、间接作用式调压器工作原理
- 调压器调节机构
- 调压器流量计算

学习目标

- 熟悉调压器工作原理
- 掌握调压器调节机构
- 理解调压器流量计算方法

城镇燃气调压器是调压装置中的主要设备,了解调压设备构造,掌握调压设备工作原理,有助于我们正确对其进行日常运行和维护,保证安全供气,延长设备使用寿命。

5.1 调压器工作原理

在燃气供气系统中,调压器具有降压及稳定出口压力的作用,用于控制燃气供气系统的压力工况。在额定的压力、流量范围内,当进口压力或出口压力负荷发生变化时,它能自动调节阀口的启闭,使其稳定在设定的压力范围内。

5.1.1 直接作用式调压器

虽然燃气系统调压器的型式、种类繁多,但其基本构造、原理相似。

调压器一般由以下三部分组成:

(1)调节机构(阀门):起节流作用,并对流量的大小起调节作用,是自控系统中的调节阀。

(2)敏感元件(薄膜):感应装置,属于自控系统中调节器的组成部分,是比较元件。

(3)执行机构(阀杆):根据调节器的输送信号,调节阀口的开度。

图 5.1 为直接作用式调压器工作原理简图,图中 P_1 为调压器进口压力;P_2 为调压器出口压力,也是燃气作用于皮膜下的力;G 为重块或弹簧作用于皮膜上的力。

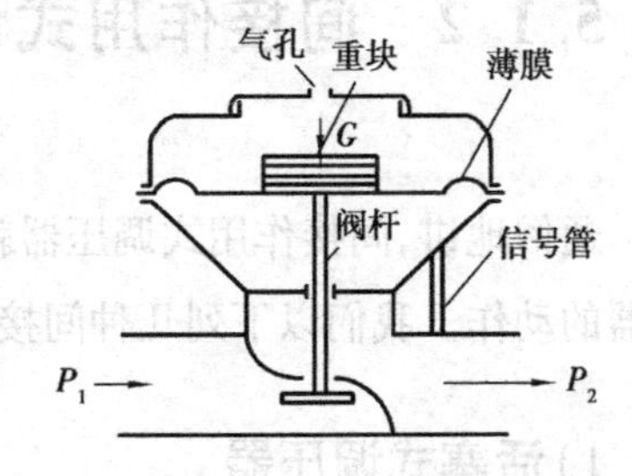

图 5.1 直接作用式调压器工作原理图

平衡时,调压器阀适当开启,出口压力 P_2 为设定值。此时,出口压力 P_2 与薄膜上方重块或弹簧向下的重力相等,阀口开启度不变。

动态时有以下 4 种情况：

①当调压器进口压力 P_1 增大时，出口压力 P_2 也会增大，并大于重块的重力 G，即 $P_2>G$。这使得薄膜向上移动，阀口开启度变小，流量减少，从而导致出口压力 P_2 降低。当出口压力降低到与重块的重力相等，即 $P_2=G$ 时，恢复平衡。

②当调压器进口压力 P_1 减小，出口压力 P_2 也会减小，并会小于重块的重力 G，即 $P_2<G$。这会使得皮膜下降，阀口开启度增大，流量增加，从而导致出口压力 P_2 升高。当出口压力升高到与重块的重力相等，即 $P_2=G$ 时，恢复平衡。

③当调压器出口流量增大时，会引起出口压力 P_2 降低，出口压力 P_2 小于重块的重力 G，即 $P_2<G$。这时皮膜会在重块重力下，向下移动，使得阀口开启度增大，以增加进口流量，从而导致出口压力 P_2 增加。当出口压力升高到与重块的重力相等，即 $P_2=G$ 时，P_2 恢复到设定值，调压器平衡。

④当调压器出口流量减小，会造成出口压力 P_2 增大，并大于重块的重力 G，即 $P_2>G$。这又会使得薄膜向上移动，阀口开启度变小，以减少进口流量和降低出口压力 P_2。当出口压力降低到与重块的重力相等，即 $P_2=G$ 时，调压器再次恢复平衡。

图 5.2　直接作用式调压器剖面图

综上所述，信号从调压阀后管道内取得，用以保持阀后压力的恒定。此压力的大小取决于重块 G 的重量。也就是说，改变重块的重量，给定压力值就改变。图 5.2 所示为直接作用式调压器实体的剖面图，它以弹簧取代施压于薄膜的重块，即可以通过调节弹簧的弹力，以改变出口压力的大小。

5.1.2　间接作用式调压器

通俗地讲，间接作用式调压器就是通过指挥器将出口压力改变的信号放大，加快调节器的动作。我们以下列几种间接作用式调压器为例来说明其作用原理。

1）活塞式调压器

图 5.3 所示为活塞式调压器，其工作原理如下：

(1)当调压器负荷 Q 等于零时，出口压力 P_2 升高，指挥器皮膜下压力超过弹簧设定值，皮膜向上位移，使指挥器上阀口打开排气，工作压力 P_3 逐渐下降，调压阀阀门在出口压力 P_2、自重和进口压力 P_1 形成的压力差的作用下，阀塞下降将阀口关闭，调压器停止供气。

(2)当调压器负荷 Q 逐渐增加时，出口压力 P_2 逐渐降低。指挥器薄膜下压力低于弹簧设定值，薄膜向下位移，使指挥器上阀口关闭，下阀口打开，燃气通过下阀口进入薄膜下腔，使工作压力 P_3 逐渐升高，薄膜产生向上位移，使阀塞上升开启增大。当出口压力 P_2 恢复到设定值时，指挥器薄膜向上移动，稳定在一定的位置上。

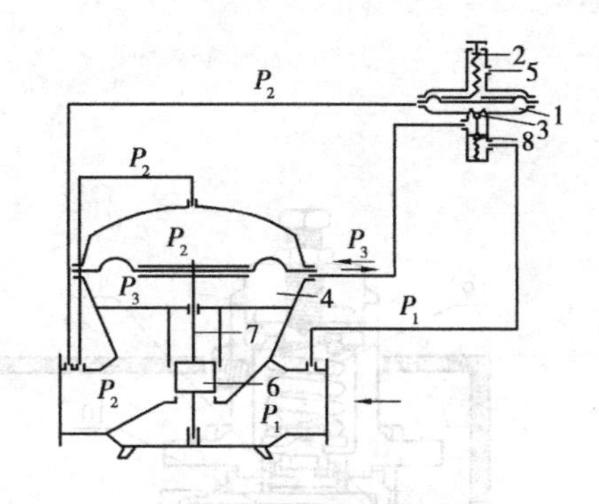

图5.3　活塞式调压器原理图

P_1—进口压力；P_2—出口压力；P_3—工作压力

1—指挥器皮膜下腔；2—弹簧；3—指挥器上阀；4—调压阀皮膜下腔；5—排气孔；6—活塞；7—大轴；8—指挥器下阀

(3)当调压器负荷 Q 逐渐减小时，首先使出口压力 P_2 上升。指挥器薄膜下压力则高于弹簧给定值，薄膜产生向上位移，使指挥器下阀口关闭，上阀口打开，调压阀薄膜下的燃气排出，工作压力 P_3 逐渐降低，使薄膜产生向下位移，阀塞向下移动，阀口开度变小。当出口压力 P_2 恢复到设定值时，指挥器薄膜向下移动，使上阀口关闭，停止排气，工作压力 P_3 保持一定值，调压器阀塞停止运动，稳定在一定的位置上。

2)轴流式调压器(Ⅰ)

(1)结构

这种调压器从外观上看可分为两大部分：上部为调压器，下部为调压器主阀，两者通过一个螺纹管接头相连，如图5.4所示。

(2)运行中的压力

这种调压器运行过程中出现四种压力：

第一是调压器进口压力 P_1：P_1 除了流入主阀外，还通过一条信号管连接到指挥器。

第二是调压器出口压力 P_2：P_2 也有自己的反馈线路，它通过一条信号管连接到指挥器内和其他压力进行比较。

第三是指挥器供给压力 P_s：P_s 是 P_1 经指挥器中过滤（在气质较脏的情况下可防止堵塞指挥器内部的狭窄纤细的气流通道）、稳压后即变为 P_s。

第四是负载压力 P_3：P_3 又称为中间压力。主阀阀口的开度就是由 P_2+P_m 与 P_3 相比较后带动节流套筒移动来决定的，其中 P_m 表示主阀弹簧所提供的附加压力。

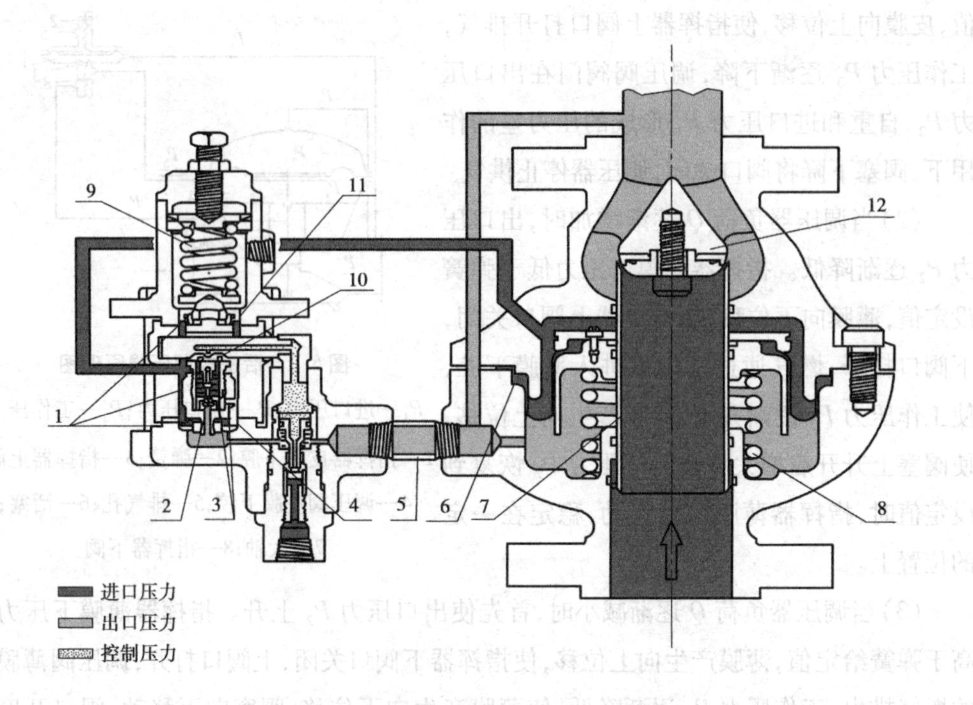

图 5.4　轴流式调压器(Ⅰ)作用原理图

1—指挥器膜片压盘及轭架装置;2—节流阀;3—小孔;4—底部膜片;5—螺纹管接头;6—筑阀大膜;7—节流套筒;8—主阀弹簧;9—指挥器控制弹簧;10—中继阀座;11—顶部膜片;12—固定阀头

(3)运行原理

调压器进口压力 P_1 经过外部指挥器供气信号管进入指挥器内部,成为指挥器的进气压力。指挥器控制弹簧的设定值用于确定降低的调压器出口压力 P_2。

在运行当中,假定出口压力 P_2 小于指挥器控制弹簧的设定值,指挥器控制弹簧的弹力将克服出口压力 P_2 作用在底部膜片上的压力。弹簧推动指挥器膜片压盘及轭架装置离开中继阀座,打开中继阀口,这样可提供增加的负载压力作用到主阀大膜上。当这个增加的负载压力 P_3 超过 P_2 和主阀弹簧提供的弹力之和时,主阀大膜将(带动套筒)被推离固定阀头。节流套筒和固定阀头之间的阀口将加宽,这样所需的气量就可以供应到下游系统。

反之,当下游系统的气量需求已经满足,出口压力 P_2 将趋于增大。增大的出口压力 P_2 作用在指挥器膜片压盘及轭架装置的底部膜片上,抗衡指挥器弹簧的设定弹力,并推动整个装置向中继阀座移动,直至关闭中继阀口。作用在主阀大膜上的负载压力 P_3,通过位于指挥器膜片压盘及轭架装置上的小孔流向下游系统。当调压器处于非正常状况下需要迅速关闭主阀时,节流阀将打开以增大流速。作用在主阀大膜上的增大了的出口压力 P_2 加上主阀弹簧的弹力,将克服作用在主阀大膜上的减小了的负载压力 P_3,带动节流套筒向固定阀头移动,以减小流向下游系统的气流。

指挥器中的顶部膜片有两种作用:其一,用于负载压力腔的密封;其二,用于顶部膜片的平衡。顶、底部两膜片通过一个机械轭架装置连接起来。轭架装置中部腔室压力的变化对节流阀片的位置移动影响很小。

3)轴流式调压器(Ⅱ)

(1)结构:这种轴流式调压器由两部分组成,一是调压器,二是指挥器(带有一个稳压器),如图5.5所示。

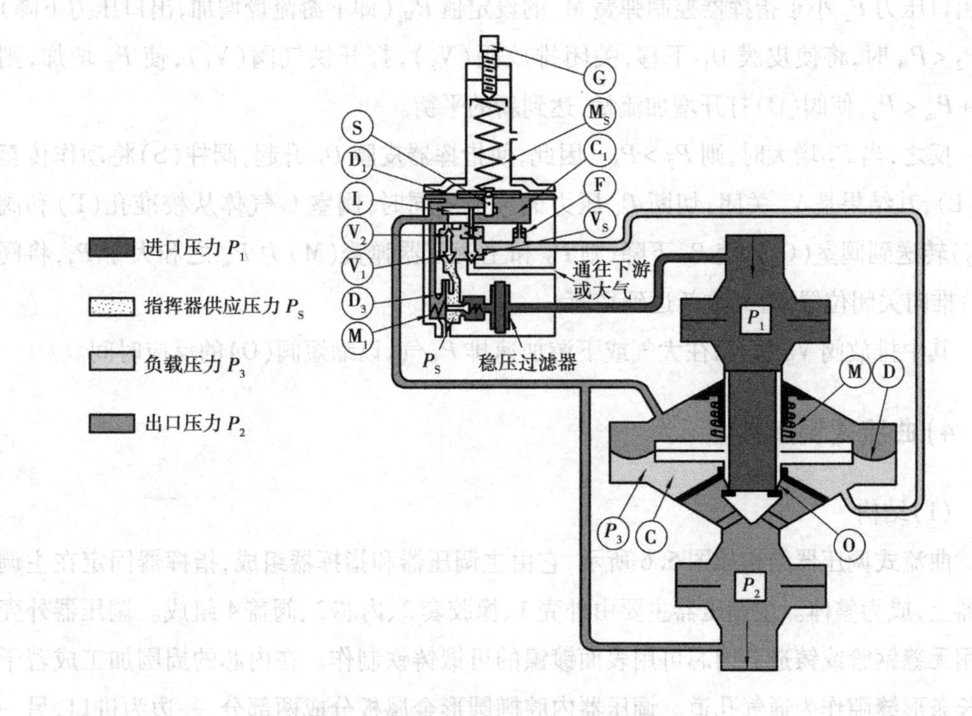

图5.5 轴流式调压器(Ⅱ)作用原理图

(2)运行中的压力

这类调压器运行过程中出现四种压力:

第一是调压器进口压力 P_1:P_1 除了流入主阀外,还通过一条信号管连接到指挥器。如图中深灰色所示。

第二是调压器出口压力 P_2:P_2 有两条反馈管,一条连接到指挥器,另一条连接到主调压器和其他压力进行比较。如图中浅灰色所示。

第三是指挥器供给压力 P_s:P_1 经过指挥器中过滤器稳压后即变为 P_s。

第四是负载压力 P_3:P_3 又称为中间压力。主阀阀口的开度即是由 P_2+P_m 与 P_3 压力相比较后带动节流套筒移动来决定的,其中 P_m 表示主阀弹簧所提供的附加压力。

(3)运行原理

首先,当调压器进口压力 P_1,经过指挥器外部供气信号管,进入指挥器中的稳压过滤器,经稳压后,P_1 变成 P_s,成为指挥器的进气压力。

$P_{M_1}+P_2$ 与 P_s 比较,达到平衡,其中 P_{M_1} 为弹簧 M_1 提供的附加压力。

指挥器控制弹簧 M_s 的设定值 P_{M_s} 用来确定调压器的出口压力 P_2。在运行当中,假如出口压力 P_2 小于指挥器控制弹簧 M_s 的设定值 P_{M_s}(即下游流量增加,出口压力下降)即 $P_2<P_{M_s}$ 时,将使皮膜 D_1 下移,关闭排放阀(V_2),打开供气阀(V_1),使 P_3 增加,则 $P_2+P_m<P_3$,使阀(O)打开增加流量,达到新的平衡。

反之,当 P_2 增大时,则 $P_2>P_{M_S}$,因此,使指挥器皮膜 D_1 升起,阀柱(S)将动作传至杆(L),其结果是 V_1 关闭,切断 P_s 压力的气流。同时,阀室 C 气体从校准孔(F)和阀(V_2)转送到阀室(C_1),使 P_3 下降,则 P_2 和主调压器弹簧(M)力 P_m 之和大于 P_3,将阀(O)推向关闭位置,直到重新达到平衡。

其中排放阀 V_S 打开,往大气或下游加速排 P_3 气,以缩短阀(O)的反应时间。

4)曲流式调压器

(1)结构

曲流式调压器结构如图 5.6 所示,它由主调压器和指挥器组成,指挥器固定在主调压器上,成为整体。主调压器主要由外壳 1、橡胶套 2、内芯 3、阀盖 4 组成。调压器外壳可用无缝钢管或铸造。内芯可用表面镀镍的可锻铸铁制作。在内芯的周围加工成若干个长条形缝隙作为通气孔道。调压器内腔椭圆形金属板分成两部分,一边为进口,另一侧为出口。橡胶套,呈筒状,是曲流调压器的关键部件,要求具有耐摩擦、耐腐蚀、不易变形等特性,同时还要有很好的弹性。

(2)运行中的压力

这类调压器运行过程中出现三种压力:

第一是调压器进口压力 P_1:P_1 除了流入主阀外,还通过一条信号管连接到指挥器的进气管。

第二是调压器出口压力 P_2：P_2 由一条导压管连接到指挥器。

第三是指挥器压力 P_3，即调压器环状腔室内的压力。由排气管将调压器环状腔室与指挥器相连，如图5.6所示，经孔口12与腔室15相连。阀口11为进气口，孔口12排出压力为 P_3（指挥器压力）的气体至环状腔室15，余气经阀口13排至调压器出口侧。

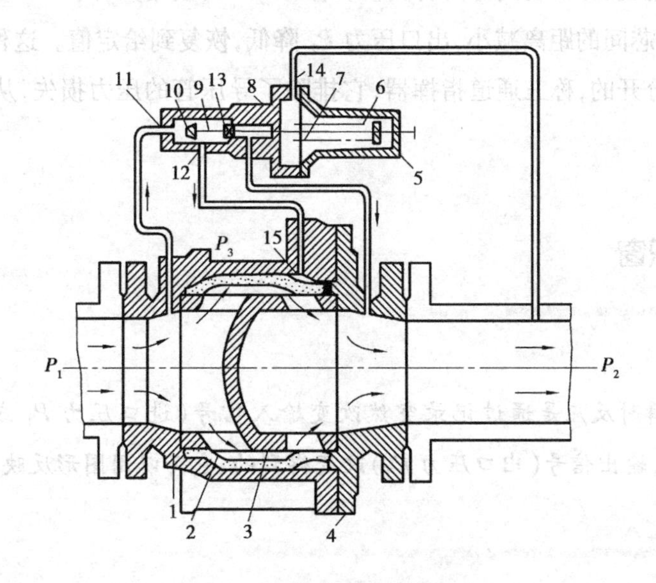

图5.6 曲流式调压器原理图

1—外壳；2—橡胶套；3—内芯；4—阀盖；5—指挥器上壳体；6—弹簧；7—橡胶膜片；8—指挥器下壳体；9—阀杆；10—阀芯；11—阀口；12—孔口；13—阀口；14—导压管入口；15—环状腔室

(3)运行原理

燃气从调压器的进口侧通过通气孔道流向橡胶套和内芯之间的空腔，然后穿进内芯通气孔道，从出口侧流出。

调压器尚未开始工作时，指挥器呈松开状态，阀口11完全打开，阀口13为关闭状态。燃气经阀口11、孔口12流进调压器环状腔室，这时 $P_1=P_3$，橡胶套靠自身弹性使调压器呈关闭状态。

调压器启动时，调节指挥器弹簧，阀杆向左侧移动，阀口11关小，阀口13打开，调压器环状腔室内的指挥压力 P_3 降低，依靠压力差 P_1-P_3 使橡胶套开户，调压器启动。继续调节指挥器弹簧，将出口压力 P_2 调至所需数值。

当进口压力 P_1 降低或负荷增加时，出口压力 P_2 降低，因此作用在指挥器橡胶套膜片上的压力降低，橡胶膜片带动阀杆向左侧移动，阀口11开度减少，阀口13开度增大，

使得指挥器压力 P_3 减小，橡胶套和内芯之间的距离增大。流量增加，出口压力 P_2 升高，恢复到给定值。

当进口压力 P_1 升高或负荷减小时，出口压力 P_2 升高，作用在指挥器橡胶膜片上的压力也升高，橡胶膜片带动阀杆向右侧移动，阀口 11 开度增大，阀口 13 开度减小，P_3 增大，橡胶套和内芯间的距离减小，出口压力 P_2 降低，恢复到给定值。这种指挥器的导压管和出气管是分开的，称三通道指挥器，它排除了导压管的压力损失，从而提高了调节的灵敏度。

知识窗

瞬时反应是通过记录突然改变输入信号（进口压力 P_1 或流量 Q）后，输出信号（出口压力 P_2）改变得到的，它可以用图形反映。

5）自动切断调压器

自动切断调压器原理工作原理如下：

如图 5.7 所示调压器带有切断装置。调压器进口压力 P_1 通过阀口形成 P_2 压力。P_2 压力在薄膜下雨薄膜上方的弹簧力保持平衡，使阀口的开度一定，形成稳定的压力值。

运行过程中，若下游用气量增加，使 P_2 下降，P_2 会小于弹簧压力，使薄膜向下运动，带动阀杆左移，打开阀口。同时过气量增加，P_2 增高，调压器处于新的稳定状态。反之，当 P_2 升高，薄膜向上移动，带动阀杆右移，关闭阀口，使过气量减小，P_2 随之降低，调压器又重新稳定。

在切断阀部分，P_2 始终小于切断阀弹簧设定压力 $P_{切}$。$P_{切}$ 力向下通过薄膜压住销子的连动杆维持平衡，同时，销子也将拉杆固定。当出现故障，P_2 超出切断阀弹簧设定的压力 $P_{切}$，使得此部分薄膜向上移动，销子连动杆不再受向下的力，跟着薄膜向上移至使销子脱落，拉杆向左弹回推动阀口管死，气体被切断。故障排除后，人工复位。

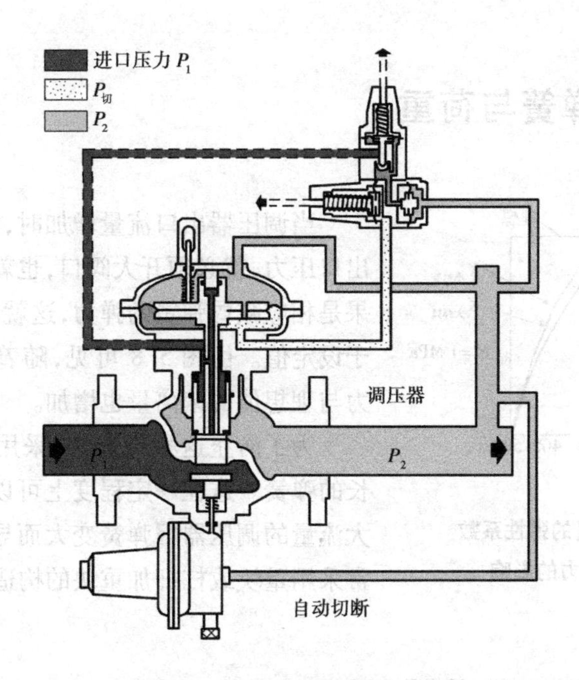

图 5.7　自动切断调压器原理图

5.2 调节机构

根据 5.1 的描述可知，调压器的构造有 3 部分：调节阀、感应装置、执行机构。调压器的调节技术质量在很大程度上和各结构部件的时间特性有关，而燃气调压器的时间特性又与瞬时反应有关。

影响调节过程的量有：

给定参数——额定出口压力；

调节参数——为达到给定参数调节机构行程；

干扰量——对出口压力产生影响的进口压力和流量的变化量。

5.2.1 弹簧与荷重

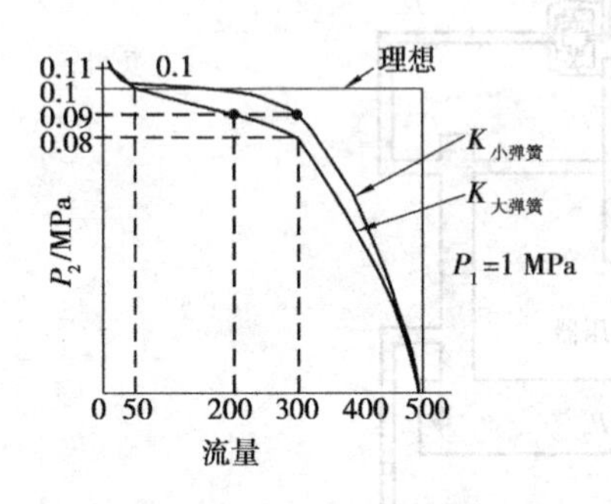

图 5.8 弹簧的弹性系数对出口压力的影响

当调压器出口流量增加时,如仍须保持原有的出口压力,就必须开大阀口,也就是弹簧伸长,其结果是相应减弱弹簧的弹力,这就使供应压力常常低于设定值。由图 5.8 可见,随着流量增加,出口压力与理想值的偏离量也增加。

为了防止这种现象,常采用弹性较强、长度较长的弹簧。这在一定程度上可以改善上述缺点,但大流量的调压器因弹簧变大而导致调节困难,因此常采用重块或杠杆加重块的构造来弥补上述不足。

5.2.2 调压器薄膜

调压器薄膜的位置上下变动时,其有效受压面积也相应发生变化。当薄膜向下移动时(图 5.9),其有效面积逐渐增加,因此关闭阀门所需的压力要相应减小,从而造成供应压力低于设定压力。为了消除上述影响,对低压调压器可采用较大的薄膜,并减小薄膜法兰与压盘之间的活动间隙。这样虽然改善了薄膜的特性,却减小了薄膜的上下行程,因此薄膜边缘剩留宽度一般应不小于薄膜直径的十分之一。中压调压器可采用一定的燃气压力(中间压力)来加压,以代替减少重块或弹簧的负荷。

皮膜的有效面积随着托盘上下位置的变化略有变化。

$$A_{有效} = A_{固} + CA_{柔}$$

$$A_{固} = \frac{\pi}{4}D_1^2$$

$$A_{柔} = \frac{\pi}{4}(D_2^2 - D_1^2)$$

薄膜盘位于法兰线上时

$$D_e = \left(\frac{D_2 + D_1}{2}\right)$$

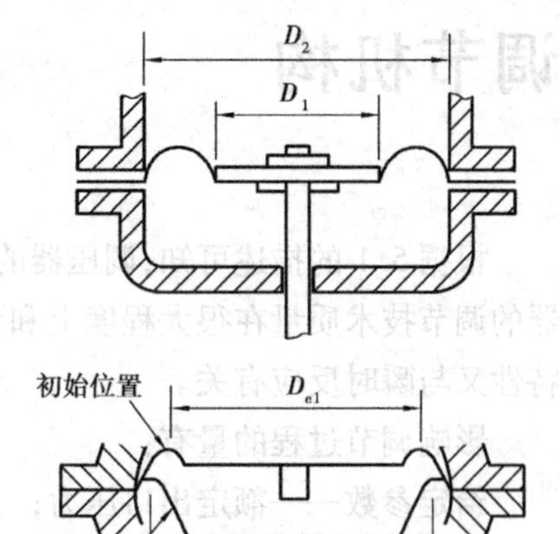

图 5.9 薄膜的位置

其中 $A_{固}$——托盘面积，是固定不变的；

$A_{柔}$——活动部分的环形面积；

C——活动部分的有效系数。

D_e——薄膜的有效直径。

调压器的薄膜通常用浸油皮革(牛皮、羊皮)、合成革、塑料涂层、尼龙等材料制造，通常也叫皮膜。薄膜材料要具有良好的气密性，对燃气具有耐久性，并有一定的机械强度、弹性、耐热性及耐低温等性能。

薄膜一般为平面形，也可预制成碟形及波纹形。平面形薄膜大多选用合成革料，但灵敏度差、行程小(通常为膜片直径的7%～9%)，有效面积变化大，故多用于小型调压器。

薄膜的受力变形量可用挠度来衡量，挠度即薄膜弯曲变形时横截面形心沿与轴线垂直方向的线位移。薄膜活动部分的有效系数 C 与挠度对应关系可参见图 5.10。

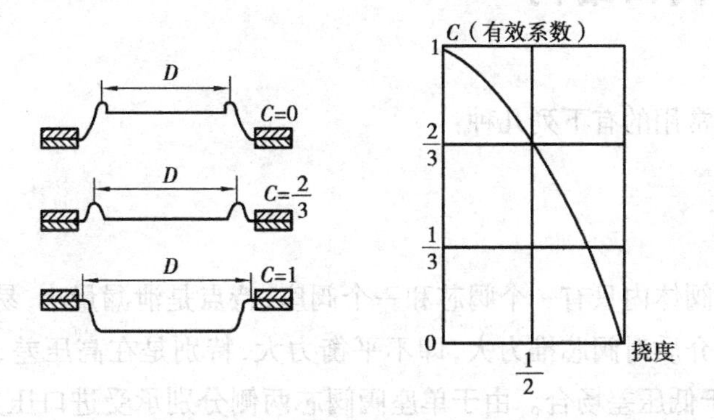

图 5.10 薄膜挠度示意及曲线图

碟形及波纹形膜片需专门进行加工制造，其灵敏度高。在一般情况下，当行程 $H>20$ mm，直径 $D\leqslant250$ mm，厚度 $\delta\leqslant1$ mm 时，选择蝶形膜片为宜。当行程 $H>20$ mm，直径 $D<250$ mm，厚度 $\delta>1$ mm 时，选择波纹形膜片为宜。橡胶片或塑料膜片，一般选用绵纶织物为衬垫料，锦纶纤维具有强高度，耐冲击、耐疲劳等优点。

5.2.3 调压器形状构造

调压器形状结构对调压器压降的影响可见图 5.11，图中综合了弹簧效应、薄膜效应和形状构造效应的影响，这三种效应起着想同的作用，即在流量增加时，被控制的出口压力 P_2 都有下降的趋势。

调压器形状构造设计的不合理，常会引起从阀门流向出口的燃气产生紊乱现象，使

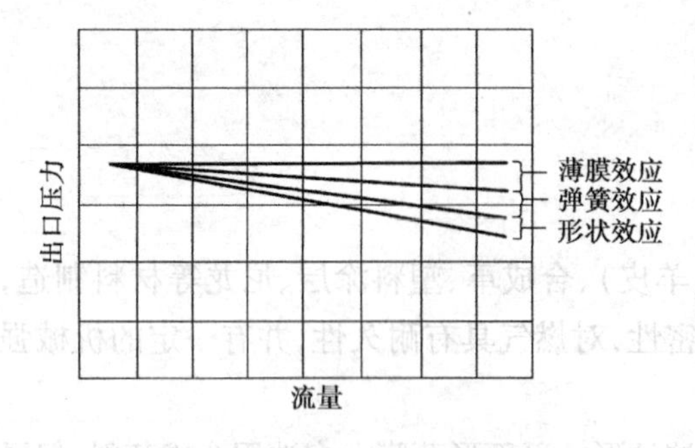

图 5.11　调压器形状与入口压力的关系

供气压力不稳定。若将通过阀门的气流直接作用于薄膜上时，在流进阀口气流的冲力作用下，会造成薄膜向关闭阀门的方向移动，使供气压力降低。通过流量越大，这种现象越显著。因此设计时应注意调压器的形状构造，减少由于气流速度变化而引起静压的降低，并应避免燃气直接作用在薄膜上。

5.2.4　阀口结构

调压器的阀常用的有下列几种：

1)单座阀

这种阀门的阀体内只有一个阀芯和一个阀座，特点是泄漏量小，易于保证关闭。它的另一个特点是介质对阀芯推力大，即不平衡力大，特别是在高压差、大口径时更为严重，所以仅适用于低压差场合。由于单座阀阀芯两侧分别承受进口压力和出口压力，出口压力是设定好的压力，故较稳定；而进口压力则受气源压力波动影响，因而也影响到阀口的启闭。由于阀的两侧压力不同，因此增加了调压器前压力变化对被调压力(出口压力)的影响。阀的两侧压差越大，影响越显著。这就是单座阀调压器的压力不稳定的原因之一。用户调压器及有些专用调压设备上常采用单阀调压器，那是因为这些场合中进口压力变化不大，而单座阀体积小、关闭性能好等原因。单座阀根据阀芯结构分为硬阀及软阀。软阀阀衬采用皮革或合成胶，硬阀常采用锥形阀芯以提高密封性能。

阀有正装和反装两种类型，当阀芯向下移动，阀芯与阀座之间流通面积减小，称为正装；反之，称为反装。

知识窗

在描述调压器的结构和工作原理时，我们常会用到阀门、阀口、阀芯的概念。一般说来，阀口是一通道，指的是调压器中气体流经此处后，压力会发生改变，由进口压力变为出口压力。阀芯指的是调压器中与阀口配合，随着皮膜而上下移动，改变阀口大小、开启或封闭阀口，改变气体流量的部件。而包括阀口和阀芯的这一套装置，就被叫作阀门。

2)双座阀

这种阀体内有两个阀芯和阀座，流体从一侧进入，通过阀座和阀芯后，由另一侧流出。它比同口径的单座阀能流出更多的介质。流体作用在上、下阀芯上的不平衡力可以互相抵消，所以平衡力小，允许压差大。但因为上、上阀芯不容易保证同时关闭，原因是因为温度的改变造成阀芯和阀座涨缩情况不一致，以及两个阀座加工不一致和使用中磨损不一致，所以在阀门完全关闭时泄漏量较大。双座阀在阀口启闭时受力均匀，使调压器进口压力对调压器阀门启闭几乎没有影响。双座阀的直径为管径的57%～61%。但是，双阀座关闭性能不好。

图5.12中(a)(b)(c)为单座阀，(d)(e)为双座阀，(f)为套筒阀。

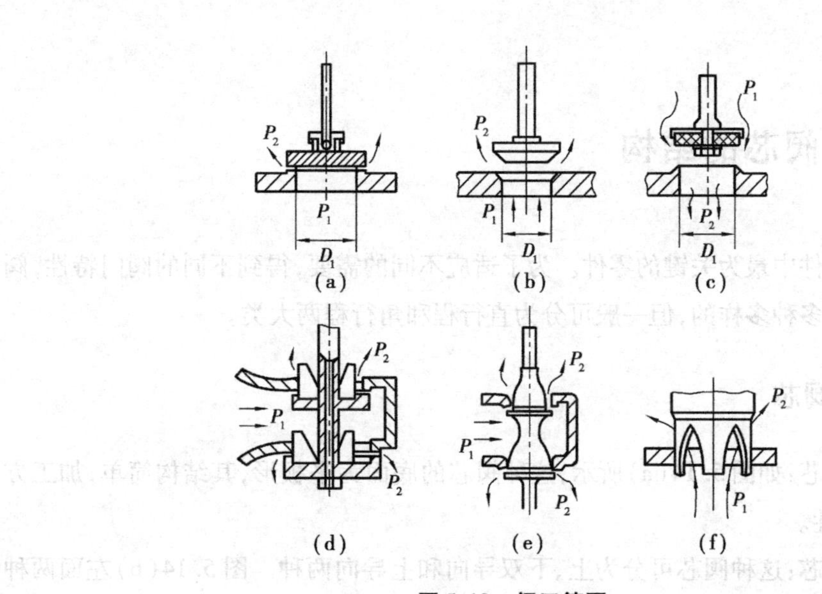

图5.12　阀口简图

3)套筒阀

套筒阀也称为笼式阀,是一种结构特殊的调节阀。它的阀体与一般的直通单座阀相似,但阀内有一个圆柱形套筒,也叫笼子。根据流通能力的大小要求,套筒的窗口可为四个、二个或一个。利用套筒导向,阀芯可以在套筒中上下移动,用以改变笼子的节流孔面积,形成了各种流量特性并实现流量的调节。由于套筒阀采用平衡型的阀芯结构,阀芯和套筒侧面导向,因此不平衡力小,稳定性好,不易振荡,从而改善原有阀芯容易损坏的情况。这种调节阀的允许压差大,而且有降低噪声的作用。当改变套筒节流孔形状(图5.13)时,就能得到所需的流量特性。这种阀的阀座不用螺纹连接,维修方便,加工容易,通用性强。

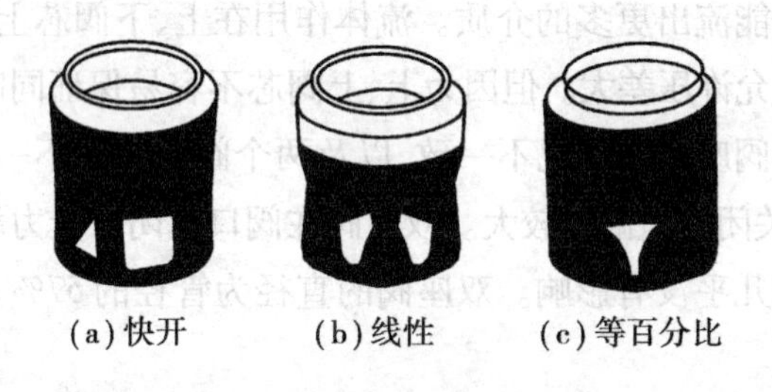

(a)快开　　(b)线性　　(c)等百分比

图5.13　不同形状的套筒阀

5.2.5　阀芯的结构

阀芯是阀内件中最为关键的零件。为了适应不同的需要,得到不同的阀门特性,阀芯的结构形状是多种多样的,但一般可分为直行程和角行程两大类。

1)直行程阀芯

①平板型阀芯:如图5.14(a)所示,这种阀芯的底面为平板形,其结构简单,加工方便,具有快开特性。

②柱塞型阀芯:这种阀芯可分为上、下双导向和上导向两种。图5.14(b)左面两种用于双导向,特点是上、下可以倒装,倒装后可以改变调节阀的正、反作用。该类阀门的流量特性有线性和等百分比两种,这两种特性所用的阀芯形状是不相同的,其放大图可见图5.14。

③窗口型阀芯:如图5.14(e)所示,这种阀芯由于窗口形状不同,阀门的流量特性有直线、等百分比和抛物线三种。

④多极阀芯:如图5.14(f)所示,它是把几个阀芯串接在一起,起到逐级降压的作用。用于高压差阀,可防止气蚀,防止噪音。

⑤套筒阀阀芯:如图5.14(g)所示,这种阀芯用于套筒型调压阀,只要改变套筒窗口形状,即可改变阀的特性。

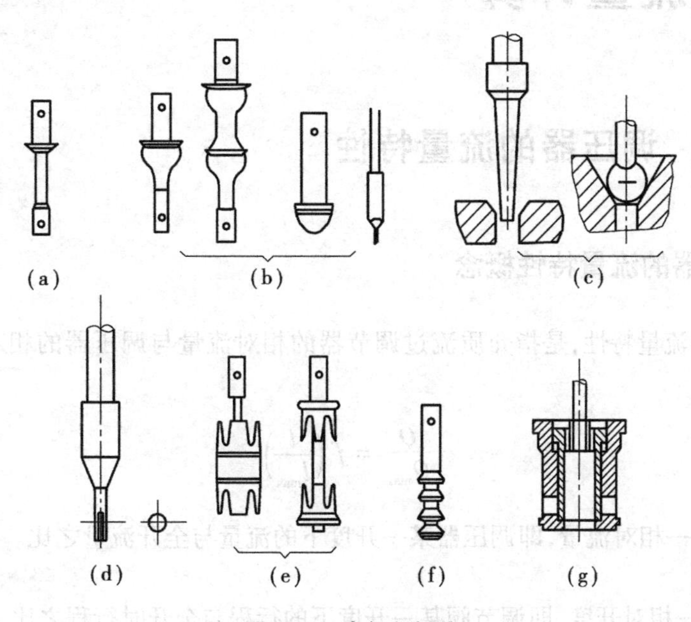

图5.14　直行程阀芯

2)角行程阀芯

这种阀芯通过旋转运动来改变它与阀座间的流通面积。这类阀芯又可分为偏心旋转阀芯,见图5.15(a);蝶阀芯,见图5.15(b);球阀阀芯,见图5.15(c)。

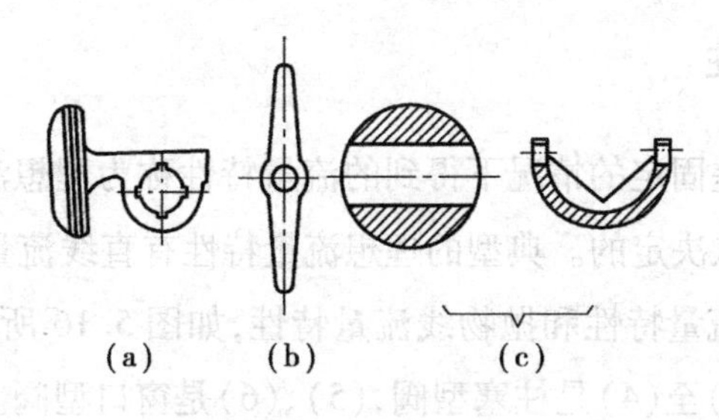

图5.15　角行程阀

5.3 调压器流量计算

5.3.1 调压器的流量特性

1)调压器的流量特性概念

调压器的流量特性,是指介质流过调节器的相对流量与调压器的相对开度之间的关系,即:

$$\frac{Q}{Q_{\max}} = f\left(\frac{l}{l_{\max}}\right)$$

式中 $\frac{Q}{Q_{\max}}$——相对流量,即调压器某一开度下的流量与全开流量之比。

$\frac{l}{l_{\max}}$——相对开度,即调节阀某一开度下的行程与全开时行程之比。

一般来说,改变调压器的阀芯与阀口之间的节流面积,便可调节流量。但实际上由于各种因素的影响,在节流面积变化的同时,还发生阀前后压差的变化,而压差的变化也会引起流量的变化。为了分析上的方便,先研究阀前后压差固定的理想情况,然后再研究阀前后压差变化工作情况。因此,流量特性有理想流量特性和工作流量特性两个概念。

2)理想流量特性

调压器在前后压差固定的情况下得到的流量特性称为理想流量特性。阀门的理想流量特性是由阀芯形状决定的。典型的理想流量特性有直线流量特性、等百分比(或称对数)流量特性、快开流量特性和抛物线流量特性,如图 5. 16 所示,它们所对应的阀芯形状见图5. 17,该图(1)至(4)是柱塞型阀,(5)、(6)是窗口型阀。

(1)直线流量特性:直线流量特性是指调节阀的相对流量与相对开度成直线关系,即单位相对行程变化所引起的相对流量变化是一个常数,其数学表达为

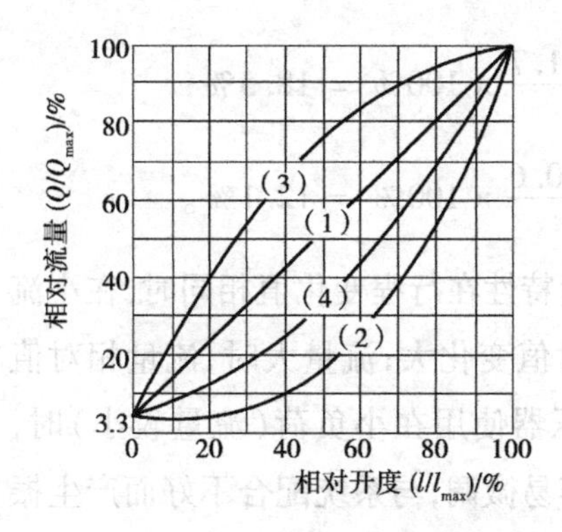

图 5.16 理想流量特性

(1)—直线特性;(2)—对数特性;
(3)—快开特性;(4)—抛物线特性

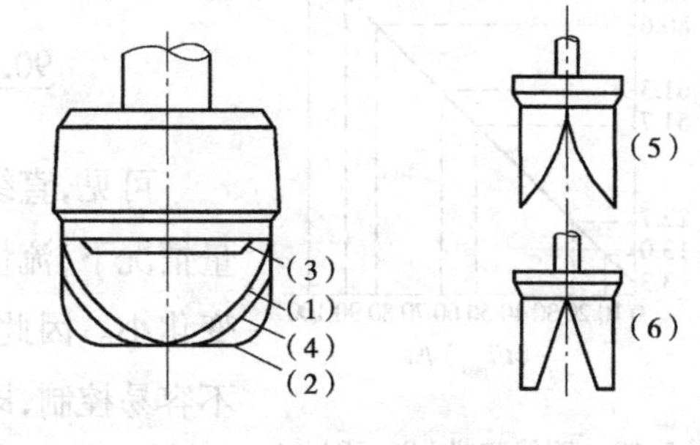

图 5.17 阀芯形状

(1)—直线特性阀芯(柱塞);(2)—对数特性阀芯(柱塞);
(3)—快开特性阀芯(柱塞);(4)—抛物线特性阀芯(柱塞);
(5)—对数特性阀芯(窗口);(6)—直线特性阀芯(窗口)

$$\frac{\mathrm{d}\dfrac{Q}{Q_{\max}}}{\mathrm{d}\dfrac{l}{l_{\max}}} = K \tag{5.1}$$

式中 K——常数,称调压器的放大系数。

将边界条件代入式(5.1),并对其积分得:$C = \dfrac{Q_{\min}}{Q_{\max}}, K = 1 - \dfrac{Q_{\min}}{Q_{\max}}$

式(5.1)可写为:

$$\frac{Q}{Q_{\max}} = \frac{1}{R}\left[1 + (R - 1)\frac{l}{l_{\max}}\right] \tag{5.2}$$

式中 R——可调比,$R = Q_{\max}/Q_{\min}$;

$Q_{\min}$——调压器所能调节的最小流量;

$Q_{\max}$——调压器所能调节的最大流量。

一般 $Q_{\min} = (2\% \sim 4\%)Q_{\max}$

直线流量特性如图 5.18 所示,调压器的单位行程变化所引起的流量变化相等的。即不管阀杆原来在什么位置,只要行程 l 变化相同,流量变化的数值也大致相同,如以行程的 10%,50% 和 80% 三点看,其行程变化 10% 所引起的流量变化分别为 9.7%(22.7% − 13.0%)、9.6%(61.3% − 51.7%)和 9.8%(90.4% − 80.6%),即流量变化几乎相等。但此三点的流量相对值变化分别为:

$$\frac{22.7 - 13.0}{13.0} \times 100\% = 74.6\%;$$

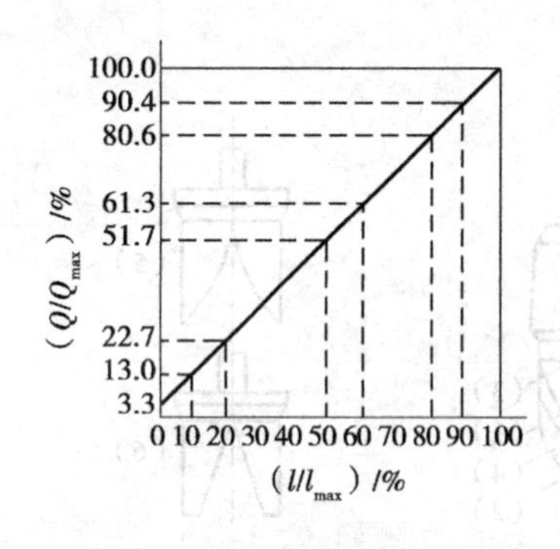

图 5.18　直线特性（$R=30$）

$$\frac{61.3-51.7}{51.7}\times 100\% = 18.5\%;$$

$$\frac{90.4-80.6}{80.6}\times 100\% = 12.1\%。$$

可见，直线流量特性在行程变化值相同时，在小流量情况下，流量相对值变化大；流量大时，流量相对值变化小。因此，调压器使用在小负荷（流量较小）时，不容易控制，即不容易微调，与系统配合不好而产生振荡；而在大流量情况下，调节不容易及时，不够灵敏。

（2）等百分比流量特性：等百分比流量特性亦称对数流量特性，它是指单位相对行程的变化所引起的相对流量变化与此点相对流量成正比关系。其数学表达式为：

$$\frac{\mathrm{d}\dfrac{Q}{Q_{max}}}{\mathrm{d}\dfrac{l}{l_{max}}} = K\frac{Q}{Q_{max}} \tag{5.3}$$

将式（5.3）积分：

$$\ln\frac{Q}{Q_{max}} = K\frac{l}{l_{max}} \tag{5.4}$$

带入边界条件得：$C=\ln\dfrac{Q_{min}}{Q_{max}}$

$$K=-\ln\frac{Q_{min}}{Q_{max}}$$

式（5.4）说明相对流量$\dfrac{Q}{Q_{max}}$的对数性关系，所以称对数特性。

等百分比流量特性的调节法，其开度每变化10%，所引起的流量变化百分比总是相等的。例如$R=30$时的等百分比量流量特性可由图5.19看出来。以行程的10%，50%和80%三点看，行程变化10%所引起的流量变化分别为1.91%（16.58%－4.67%）、7.3%（25.6%－18.3%）和20.4%（71.2%－50.8%）。由此可见，行程小时，流量变化小；行程大时，流量变化大。流量相对值变化分别为：

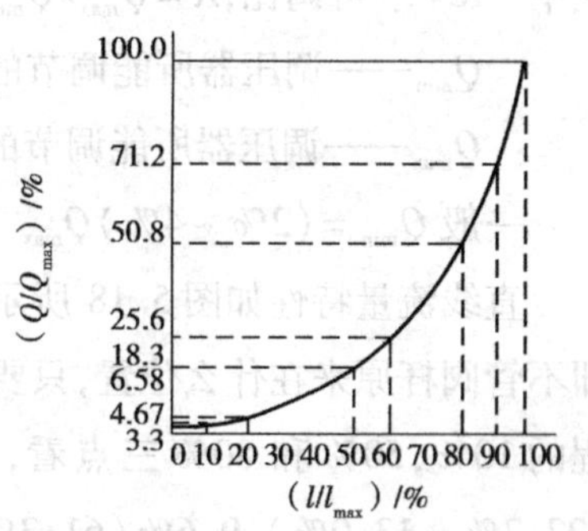

图 5.19　等百分比流量特性（$R=30$）

$$\frac{6.58-4.67}{4.67}\times 100\% = 40\%$$

$$\frac{25.6-18.3}{18.3}\times 100\% = 40\%$$

$$\frac{71.2-50.8}{50.8}\times 100\% = 40\%$$

可见，对于 $R=30$ 的对数流量特性在行程变化值为 10% 时，流量相对变化都是 40%，具有等比率特性，所以这样特性又叫等百分比特性。

由图 5.19 可见，此种调压阀的放大系数(即曲线斜率)是随行程的增大而递增的。同样的行程，在低负荷(小开度)时流量变化小；在高负荷(大开度)时流量变化大。因此，这种调压阀在接近全关时，工作得缓和平稳；而在接近全开时，放大作用大，工作灵敏而有效，故它适用于负荷变化幅度大的系统中。

(3)快开流量特性：快开流量特性是在调节阀的行程比较小时，流量就比较大，随着行程的增大，流量很快就达到最大，因此称快开流量特性。快开流量特性调节阀的阀芯形状为平板式，阀的有效行程在 $\frac{D_g}{4}$(D_g 为阀座直径)以内；当行程再增大，阀的流通面积就不再增大，便不起调节作用了。

(4)抛物线流量特性：它的流量特性曲线是一条抛物线，介于直线特性曲线和等百分比特性曲线之间。

3) 工作流量特性

调压阀的理想流量特性是在调压阀前后压差不变的情况下得到的。但是在实际使用时，调压阀是装在具有阻力的管道系统上的，调压阀前后压差值不能保持不变。所谓调压阀的工作流量特性是指调压阀在前后压差随负荷变化的工作条件下，调压阀的相对开度与相对流量之间的关系。

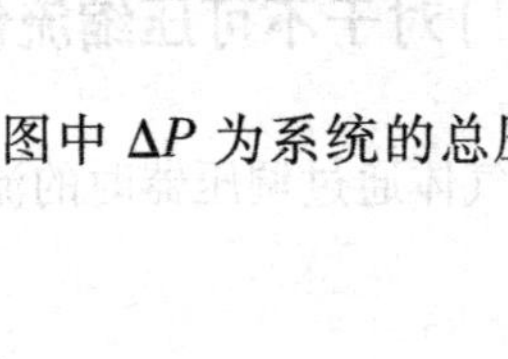

图 5.20 串联管道

在实际管道中调压阀前后的压差关系如图 5.20 所示，图中 ΔP 为系统的总压差，ΔP_1 为调节阀上的压差，ΔP_2 为串联管道及设备上的压差。

对于有串联管道时，令

$$S = \frac{\Delta P_{1m}}{\Delta P} = \frac{\Delta P_{1m}}{\Delta P_{1m}+\Delta P_2} \tag{5.5}$$

式中 ΔP_{1m}——调节阀全开时的压差；

S——阀门能力。

S 在数值上等于调节阀在全开时阀门上的压差占系统总压差的百分数。如以 Q_{100}

表示存在管道阻力时调节阀的全开流量，则$\frac{Q}{Q_{100}}$称作以 Q_{100} 为参比的调压阀的相对流量。图5.21是以 Q_{100} 为参比时在不同 S 下的工作流量特性。

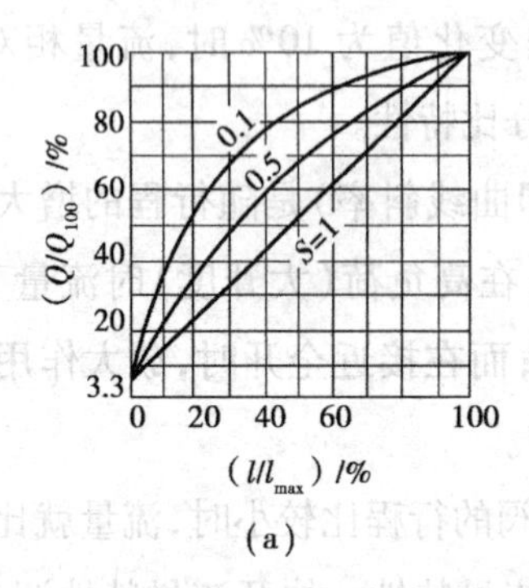

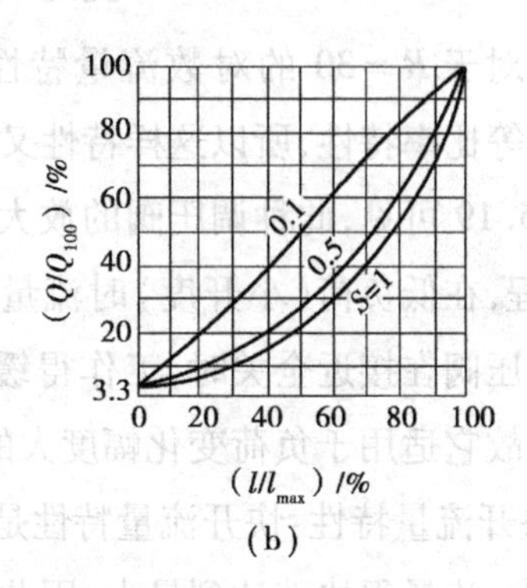

图 5.21　串联管道时调节阀的工作流量特性

5.3.2　调压器的流通能力计算

气流通过阀口时，压力损失是由摩擦阻力和在通过阀口时气流不断改变流动方向造成的。此时将燃气看作不可压缩气体，而在紊流情况下，开启着的结构相同的阀门，阻力系数值是定值。

当 $\Delta P/P_1 \leqslant 0.08$ 时，忽略燃气的压缩性，误差不大于 2.5%。当 $\Delta P/P_1 > 0.08$ 时，则应考虑燃气的压缩性。ΔP 是调压器的压力降，而 P_1 是调压器的入口压力。

1) 对于不可压缩流体的计算

气体通过调压器时的流量和压力降可由下式计算：

$$\Delta P = \xi \frac{W^2}{2} \rho \tag{5.6}$$

式中　ΔP——燃气通过调压器时的压力降；

W——接管内燃气的流速；

ρ——燃气密度。

$$Q = WF = \frac{F}{\sqrt{\xi}} \sqrt{\frac{2\Delta P}{\rho}} \tag{5.7}$$

式中　Q——通过调压器流量；

F——调节机构连接管的断面面积(或当量流通断面面积)；

ξ——调节机构的局部阻力系数。

在计算调压器时常采用国际单位制：Q 为 m^3/h，F 为 cm^2，ΔP 为 MPa 和 ρ 为 kg/m^3 计时，则式(5.7)可写为：

$$Q = 509 \frac{F}{\sqrt{\xi}} \sqrt{\frac{\Delta P}{\rho}} \tag{5.8}$$

在计算调节阀门时，常引入流通能力系数 C 的概念。C 是 $\rho = 1\ 000\ kg/m^3$，压降为 0.098 1 MPa 时，流经调节阀门的小时流量，如式(5.8)所示。

$$Q = C = \frac{5.04F}{\sqrt{\xi}} \tag{5.9}$$

C 值和流通断面、局部阻力系数有关，因此，已知调压器的 C 值可求出局部阻力系数 ξ；反之，已知局部阻力系数也可求出 C 值。

阻力系数同阀口面积与连接管断面面积之比有关，也同调节阀门、壳体的构造有关，在流量甚小时还同雷诺数有关。对于单座阀的调压器阀口面积 F_0 和连接管流通断面面积 F 之比为：

$$\frac{F_0}{F} = \left(\frac{d}{D}\right)^2 = 0.02 \sim 0.50 \tag{5.10}$$

式中　F_0——阀口面积；

D——阀口直径；

F——连接管流通断面面积；

D——连接管内径。

对于双座阀门的调压器，$\frac{F_0}{F}$约等于 0.7 ~ 2.0(此处 F_0 为两个阀口面积之和)。阻力系数 ξ_0 是对应于阀口面积 F_0 而言的，它与对应于连接管流通面积的阻力系数 ξ 成比例。将比值代入式(5.8)、(5.9)得：

$$Q = 509 \frac{F_0}{\sqrt{\xi_0}} \sqrt{\frac{\Delta P}{\rho}}$$

$$Q = C = \frac{5.04F_0}{\sqrt{\xi_0}}$$

2)对于可压缩流体的计算

在计算阀口流量时,应考虑燃气密度的变化产生的对理想气体定律的偏离。此时应利用这一现象的近似的物理模型,可将燃气经过阀门的流动看作孔口出流,则流量为:

$$Q_0 = WF_0 \frac{\rho_2}{\rho_0} \tag{5.11}$$

式中 Q_0——标准状态时燃气的体积流量;

W——出流速度;

ρ_2——流出孔口后的燃气密度;

ρ_0——标准状态时的燃气密度。

出流速度为

$$W = a\sqrt{\frac{2k}{k-1}\frac{P_1}{\rho_1}\left[1-\left(\frac{P_2}{P_1}\right)^{\frac{k-1}{k}}\right]} \tag{5.12}$$

式中 a——调节阀门的流量系数,$a=\frac{1}{\sqrt{\xi_0}}$;

W——燃气的出流速度;

k——绝热指数;

P_1——调节阀门前的绝对压力;

P_2——调节阀门后的绝对压力;

ρ_1——调节阀门前的燃气密度。

将式(5.12)代入式(5.11),经过换算得:

$$Q_0 = aF_0\frac{\rho_2}{\rho_0}\sqrt{\frac{2P_1}{\rho_1}}\sqrt{\frac{k}{k-1}\left[1-\left(\frac{P_2}{P_1}\right)^{\frac{k-1}{k}}\right]}\sqrt{\frac{\frac{P_1-P_2}{P_1}}{\frac{P_1-P_2}{P_1}}}$$

$$= \frac{\sqrt{2F}}{\sqrt{\xi}}\sqrt{\frac{\rho_1}{\rho_0}\frac{\rho_1}{\rho_0}}\sqrt{\frac{\Delta P}{P_1}}\sqrt{\frac{k}{k-1}\frac{\left[1-\left(\frac{P_2}{P_1}\right)^{\frac{k-1}{k}}\right]}{1-\frac{P_2}{P}}\frac{\rho_2}{\rho_1}} \tag{5.13}$$

如认为燃气流动是绝热的,以压力之比取代密度之比

$$\frac{\rho_2}{\rho_1}=\left(\frac{P_2}{P_1}\right)^{\frac{1}{k}}$$

此外,还利用状态方程

$$P=Z\rho RT\frac{\rho_1}{\rho_0}=\frac{P_1}{P_0}\frac{T_0}{T_1}\frac{Z_0}{Z_1}$$

式中 $Z_0=1$ 时,代入式(5.13),流量计算公式可写为

$$Q=1.46\times10^{-6}C\varepsilon\sqrt{\frac{P_1\Delta P}{\rho_0 T_1 Z_1}} \tag{5.14}$$

式中　ε——考虑了燃气流经节流机构时密度变化的膨胀系数,其数值为

$$\varepsilon=\sqrt{\frac{k}{k-1}\frac{\left(\frac{P_2}{P_1}\right)^{\frac{2}{k}}-\left(\frac{P_2}{P_1}\right)^{\frac{k-1}{k}}}{1-\frac{P_2}{P_1}}} \tag{5.15}$$

如参数 Q_0 采用 m^3/h,P_1 及 ΔP 采用 MPa,则式(5.14)可改写成下列形式

$$Q_0=5\ 260C\varepsilon\sqrt{\frac{P_1\Delta P}{\rho_0 T_1 Z_1}} \tag{5.16}$$

由于气体流经阀门时的流动与绝热过程有区别,其计算误差应利用系数 ε 予以补偿,因此在计算中不采用理论公式(5.15)是合理的,通常采用实验数据,得出如图 5.22 所示关系曲线。由此图可见,各实验曲线均近似直线。

对于空气,ε 值可用下式计算:

$$\varepsilon_B=1-0.46\frac{\Delta P}{P_1}$$

对于具有其他绝热指数的气体,可用乘以一校正系数 x 来求得。

$$x=\frac{\varepsilon_r}{\varepsilon_B}$$

式中　ε_r——燃气的膨胀系数;

ε_B——空气的膨胀系数。

ε_r、ε_B 也可按公式(5.15)求得。

当在临界状态时,即

$$v=\frac{P_2}{P_1}\leqslant\left(\frac{P_2}{P_1}\right)_c$$

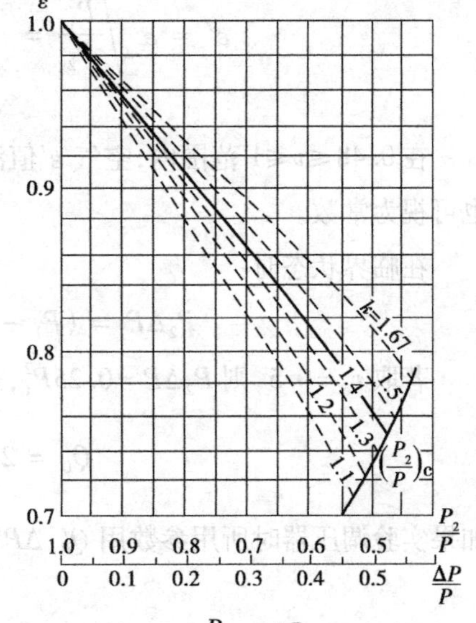

图 5.22　ε 与 $\frac{P_2}{P}$ 及 $\frac{\Delta P}{P}$ 的关系曲线

此时调压器的流量可由式(5.16)变成下面公式。

$$Q_0 = 5\,260 C\varepsilon_c P_t \sqrt{\frac{\left(\frac{\Delta P}{P_1}\right)_c}{\rho_0 T_1 Z_1}} \tag{5.17}$$

式中$\left(\frac{\Delta P}{P_1}\right)_c = 1 - \left(\frac{P_2}{P_1}\right)_c = 1 - v_c$

实验表明,空气流经阀口时临界压力比为$\left(\frac{P_2}{P_1}\right)_c = 0.48$,而理论值$\left(\frac{P_2}{P_1}\right)_c = 0.528$,可以用二者的比值$\frac{0.48}{0.528} = 0.91$作为计算公式中的校正值而得到:

$$\left(\frac{P_2}{P_1}\right)_c = 0.91\left(\frac{2}{k+1}\right)^{\frac{k}{k-1}} \tag{5.18}$$

由式(5.18)可以计算出任意组分燃气的临界压力比。

用式(5.16)和式(5.17)计算调压器的流量时,必须知道调压器的单位生产率C值。因此根据待选的调压器的实验参数进行换算,选取调压器是比较方便的。为此,式(5.16)需换算成下面形式:

$$Q_0 = 5\,260 C\varepsilon' \sqrt{\frac{\Delta P P_2}{\rho_0 T_1 Z_1}} \tag{5.19}$$

式中

$$\varepsilon' = \varepsilon \sqrt{\frac{P_1}{P_2}} = \sqrt{\frac{k}{k-1} \frac{\left(\frac{P_2}{P_1}\right)^{\frac{2}{k}} - \left(\frac{P_2}{P_1}\right)^{\frac{k+1}{k}}}{\frac{P_2}{P_1} - \left(\frac{P_2}{P_1}\right)^2}}$$

在$0.48 \leqslant v \leqslant 1$范围内,空气$\varepsilon'$值波动范围为0.97~1,可取0.98;对其他气体ε'值也可视为常数。

在临界状态时:

$$P_2 \Delta P = (P_1 - v_c P_1) v_c P_1 = P_1^2 (1 - v_c) v_c$$

若取$v_c = 0.5$,则$P_2 \Delta P = 0.25 P_1^2$,式(5.18)可写成:

$$Q_0 = 2\,630 C\varepsilon' \frac{P_1}{\sqrt{\rho_0 T_1 Z_1}}$$

如果实验调压器时所用参数用Q_0',$\Delta P'$,P_2'和ρ_0'表示,则换算公式有以下形式:

亚临界状态：

$$Q_0 = Q'_0 \sqrt{\frac{P_2 \Delta P \rho'_0}{P'_2 \Delta P' \rho_0}}$$

临界状态：

$$Q_0 = 0.5 Q'_0 P_t \sqrt{\frac{\rho'_0}{\Delta P' P'_2 \rho_0}}$$

在上述换算过程中，假设 ε'，C，$T_1 Z_1$ 为常数。

按上面介绍的调节阀门通过能力计算公式所得出的流量，是在可能的最小压降和阀门完全开启条件下的最大流量。在实际运行中，调压器阀门不宜处在完全开启状态，以阀瓣的位移不超过最大行程的90%为宜，这时调压器的计算流量（额定流量）与最大流量之间有如下关系：

$$Q_{max} = (1.15 \sim 1.2) Q_1$$

式中　Q_{max}——调压器的最大流量；

　　Q_1——调压器的计算流量。

调压器的计算流量，应按该调压器所承担的管网计算流量的1.2倍确定。

调压器的压力降，应根据调压器前燃气管道的最低压力与调压器后燃气管道需要的压力之差值确定。整个调压站的压力降还要包括室内管道、阀门及过滤器等设备的阻力损失。

1964年4月，北京建国路高中压调压站因进口煤气压力过低，仿苏"φ300"型调压器关闭造成停气1小时的事故。1972年9月三里屯中低压调压站使用的仿苏"φ200"型调压器，因发生共振致使连接皮膜和传动杆的紧固螺母脱落，造成两次中压送气事故。为了解决上述问题，1974年6月北京市煤气公司管网所组成煤气调压器专业小组，投入新型调压器的开发研制工作，在清华大学大学自动化系等单位的支持帮助下，于1976年完成了TMJ-218型活塞式调压器试制工作，经工业性能实验，其性能达到了设计要求。

1977 年，TMJ-218 型活塞式调压器先后安装在国棉厂中低压调压站和和平里“04”中低压调压站，替代原仿苏“ϕ200”型调压器，在用气负荷高峰时，调压站出口压力稳定。1982 年 4 月试制出首台 TMJ-328 型活塞式调压器安装在老虎洞高中压调压站，替代原仿苏ϕ300 型调压器试运行。

学习鉴定

一、填空

(1)调压器具有______及___________的作用。

(2)调压器的压力降，应根据调压器_______________与调压器_______________之差值确定。

(3)调压器的构造有 3 部分：调节阀、_________、执行机构。

(4)P_1 表示__________，P_2 表示_________。

二、选择题

(1)单座阀的阀体内只有一个阀芯和一个阀座，特点是泄漏量小，易于保证(　　)。

A. 流量　　B. 压力　　C. 关闭　　D. 精度

(2)调压器在前后压差固定的情况下得到的流量特性称为理想流量特性。阀门的理想流量特性是由(　　)决定的。

A. 阀口大小　　B. 阀芯形状　　C. 薄膜形状　　D. 弹性系数大小

三、问答题

(1)举例分析影响调压器出口压力的因素。

(2)试比较单座阀和双座阀的特点。

(3)试说明轴流式调压器的工作原理。

6 调压器的分类与技术要求

核心知识

- 调压器的分类
- 调压器型号的编制原则
- 调压器常用技术术语
- 调压器的技术要求

学习目标

- 了解调压器的分类
- 识记调压器型号的编制
- 熟练使用调压器常用术语
- 掌握调压器的技术要求

调压器的种类较多,可以从适用压力、用途、作用原理上加以区分。

6.1 调压器的分类

6.1.1 按压力划分

为了明确表示调压器的压力性能,根据调压器的进口压力与出口压力的级别,调压器可分为:

①低低压—低压;

②中压 A—低压;

③中压 B—低压;

④中压 A—中压 B;

⑤高压—中压 A;

⑥高压—中压 B;

⑦超高压—高压。

6.1.2 按用途划分

按用途或供应对象加以区分,调压器可分为:

1) 区域调压器

用于供应某一地区的居民用户或企事业单位用户的调压器,称为区域调压器。在三级制供气的城市中,一般为高—中压、中—低压调压器。

2) 专用调压器

调压器的设置是专供某一单位的特殊需要而设置,如玻璃厂、冶炼厂等大型工业用户,它们一般需要高于区域供应压力的气源,因此必须为它们设置专用调压器。

3) 用户调压器

用户调压器是一种小型调压器,一般用于一幢楼或一户居民。这主要用于高、中压供气系统。民用液化石油气的减压阀也是一种用户调压器。用户调压器一般分为高—低压,中—低压、低低压三种。

6.1.3 按作用原理划分

调压器按不同作用原理分为直接作用式和间接作用式两种。

直接作用式调压器是只依靠敏感元件(薄膜)所感受的出口压力变化来对阀门进行移动和调节,通俗地讲,就是直接依靠调压器薄膜所感受的出口压力的变化,来移动阀门进行调节。使阀门移动和调节的能量,是被调燃气的压力。

间接作用式调压器是当出口压力变化时,使操纵机构(指挥器)动作,接通能源(或给出信号),使调节阀门移动。它的敏感元件(即感应出口压力的元件)和传动装置(即受力动作并进行调节的元件)是分开的。通俗地讲,间接作用式调压器就是多了一个指挥器部分。指挥器与调压器结构相似,其作用是放大出口压力 P_2 升高或降低的信号,从而加快调压器的动作,提高调压器的精度和灵敏度。

(1)直接作用式调压器有:液化石油气减压阀;小流量的用户调压器。

(2)间接作用式调压器有:雷诺式调压器;T 型调压器;活塞式调压器;自力式调压器;曲流式调压器。

6.2 调压器型号编制原则

6.2.1 调压器的型号编制

产品型号分成两节，中间用“—”隔开。

第一节燃气调压器名称，用汉语拼音字头表示，前两位符号“RT”代表城镇燃气调压器，第三位代表工作原理：“Z”为直接作用式，“J”为间接作用式。

第二节第一位数字代表调压器公称尺寸，按表 6.2 选用；第二位数字表示调压器进口压力，按表 6.1 中规定的压力确定；第三位代表自定义号。

表 6.1 调压器进口压力级制

最大进口压力 P_{1max}/MPa	0.01	0.2	0.4	0.8	1.6	2.5	4.0

表 6.2 管径系列

调压器进口管径 *DN*/mm	15	20	25	32	40	50	65	80	100
调压器进口管径 *DN*/mm	150	200	250	300	350	400	450	500	

6.2.2 调压器命名示例

RTJ-100/0.8 表示间接作用式燃气调压器，公称直径 *DN*100，最大进口压力为 0.8 MPa。RTZ—150/0.4A 表示直接作用式燃气调压器，公称直径 *DN*150，最大进口压力为 0.4 MPa，自定义号位 A。

6.3 调压器常用技术术语

在选择和管理调压设备时，有必要了解下列调压器性能参数的符号、单位及定义(CJ 274—2008 规定)。

6.3.1 调压器常用技术术语和常用名词

(1)进口压力：P_1 表示，定义为：调压器进口端燃气压力。

(2)出口压力：P_2 表示，定义为：调压器出口端燃气压力。

(3)调压器公称尺寸：调压器进口公称尺寸，表示调压器的尺寸规格。

(4)调压器公称压力：一个用数字表示的与压力有关的标示代号，为圆整数。

(5)调压器设计压力：在相应的设计温度下，用于确定壳体或其他零件强度的压力。

(6)进口压力范围：调压器能保证给定稳压精度等级的进口压力范围。

(7)最大进口压力：在进口压力范围内，所允许的最高进口压力值。

(8)最小进口压力：在进口压力范围内，所允许的最低进口压力值。

(9)出口压力范围：调压器能保证给定稳压精度等级的出口压力范围。

(10)最大出口压力：在出口压力范围内，所允许的最高出口压力值。

(11)最小出口压力：在出口压力范围内，所允许的最低出口压力值。

(12)调压器额定出口压力：调压器出口压力在规定范围内的某一选定值。

(13)流量：单位时间内流过调压器的基准状态下的气体容积，单位为 m^3/h。

(14)流量系数：进口绝对压力为 6.89 kPa，温度为 15.6 ℃，在临界状态下，调压器全开所通过的以 0.028 75 m^3/h 为单位的空气流量。

(15)静特性：表述出口压力随压力和流量变化关系的特性。

(16)稳压精度：一簇静特性线上，工作范围内出口压力实际值与设定压力间偏差的最大正偏差和最大负偏差的绝对值的平均值对设定压力的百分比值。

(17)稳压精度等级：稳压精度的最大允许值乘以 100。

(18)关闭压力：调压器调节元件处于关闭位置时，静特性线上零流量处的出口压力。

此时,从开始关闭点流量减少至流量为零所用的时间应大于调压器关闭的响应时间。

(19)关闭压力等级:实际关闭压力与设定压力值的最大允许值乘以100。

(20)最大流量:在规定的设定压力下,针对一定的进口压力,能保证给定稳压精度等级的最大流量中的最小者,可有最大进口压力下的最大流量、最小进口压力下的最大流量和最大和最小进口压力间的某一压力下的最大流量。

(21)最小流量:在规定的设定压力下,针对一定的进口压力,能保证给定稳压精度等级的最小流量和静态工作的最小流量中的最大者,可有最大进口压力下的最小流量、最小进口压力下的最小流量和最大和最小进口压力间的某一压力下的最小流量。

(22)喘动:喘动是调压器出口压力发生上下交替大幅度偏离额定压力的现象,发生这一现象时常常伴有颤动喘息等非正常状态,故称喘动。

6.3.2 调压器标志、标签、使用说明书

1)调压器标识

调压器上应在明显的部位设置标牌,其内容至少包括:

产品型号和名称;

公称尺寸;

工作介质;

进口压力范围;

设定压力;

燃气流动方向在阀体上用箭头做永久性标识。

2)使用说明书

使用说明书中包含下列各项:

出口压力范围;

工作温度范围;

稳压精度等级;

关闭压力等级;

流量系数；

各进、出口压力下对应的关闭压力区等级及与其对应的最大、最小流量、稳压精度登记和关闭压力等级等参数；

使用与安装说明；

常见故障及排除方法。

6.4 调压器技术要求

一台调压器应达到一定的技术要求，这些要求包括设计技术指标和使用技术要求。

6.4.1 区域和用户调压器的额定出口压力

区域和用户调压器的额定出口压力见表6.3。

表6.3 区域和用户调压器的额定出口压力 单位：MPa

工作介质	区 域	楼 栋	表 前
人工燃气	1.76	1.40	1.16
天然气	3.00	2.40	2.16
液化石油气	3.80	3.04	2.96

如果用户因为工艺等因素有特殊要求时，也可采用表6.3以外的出口压力，按实际需要设定。

6.4.2 调压器技术要求

(1)承压要求

调压器中金属承压件、膜片、密封件的承压能力应满足 CJ 274—2008 中的规定。

(2)调压器的工作温度

调压器一般应在 -10 ~60 ℃或 -20 ~60 ℃的范围内工作。

(3)调压器压力信号

调压器的取压位置及尺寸应保证能提供稳定的压力信号。

学习鉴定

问答题

(1)调压器按用途和作用原理分为几类？并解释。

(2)国产调压器是如何命名的？举例说明。

(3)解释调压器的最大和最小流量、关闭压力等级。

(4)调压器在明显部位设置标牌,其内容包括哪些？

7 调压系统附属设备

核心知识

- 调压装置常用阀门、过滤器、补偿器、测量仪表、测量信号远传系统
- 安全装置系统

学习目标

- 了解调压系统附属设备
- 掌握附属设备的日常维护

调压装置中的各附属设备在调压过程中,执行着不同的分功能,都起着重要的作用。这些附属设备主要包括:阀门、安全切断阀、安全放散阀、过滤器、补偿器、测量仪表、旁通管等。

7.1 调压装置常用阀门

调压器前后设置阀门,用于调压器、过滤器检修或发生故障时切断燃气。调压站外的进出口上设置阀门,此阀门是常开的,并和调压站保持一定的距离,以便当调压器发生故障时,不必靠近调压站即可关闭阀门,避免事故蔓延和扩大。

用于调压装置中的阀门要求关闭严密、灵敏度高。

7.1.1 闸板阀

1)闸板阀的常见类型

根据密封元件的不同结构形式,通常把闸阀分成楔式单闸板闸阀、弹性闸板闸阀、双闸板式闸阀和平行式闸阀。图 7.1、图 7.2 分别为楔式和平行式闸板阀结构图。

2)闸板阀的的使用

如果阀门经常启闭,每月至少润滑一次。闸阀是作为截止介质使用,让闸阀全开使介质流直通,此时介质运行的压力损失最小。闸阀通常适用于不需要经常启闭,而且保持闸板全开或全闭的工况;不适用于作为调节或节流使用。对于高速流动的介质,闸板在局部开启状况下可以引起闸门的振动,从而损伤闸板和阀座的密封面。即用闸阀节流会使闸板遭受介质的冲蚀。

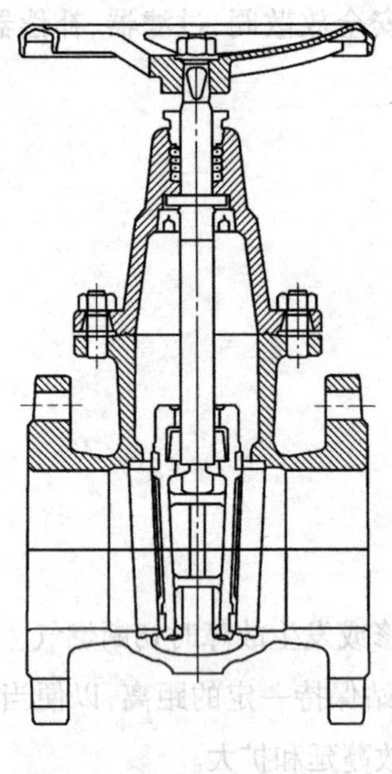

图 7.1　楔式闸板阀结构图

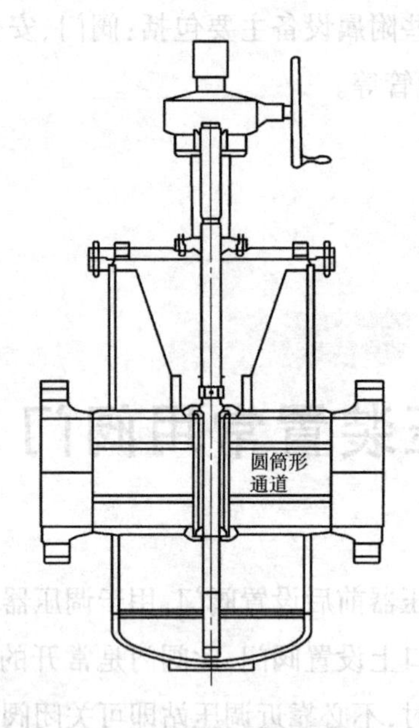

图 7.2　平行闸板阀结构图

7.1.2　球阀

1)球阀结构

球阀是以带有圆形通道的球体作启闭件,球体随阀杆转动实现启闭动作的阀门。球阀的启闭件是一个有孔的球体,当其绕垂直于通道的轴线旋转,即能达到启闭通道的目的。球阀只需要用很小的转动力矩使其旋转 90°就能关闭严密。图 7.3 为一具圆筒形通道的球阀截面图。

2)球阀优点

球阀主要优点如下:

①适用于经常操作,启闭迅速、轻便。

②流体阻力小。

③结构简单,相对体积小,重量轻,便于维修。

④密封性能好。

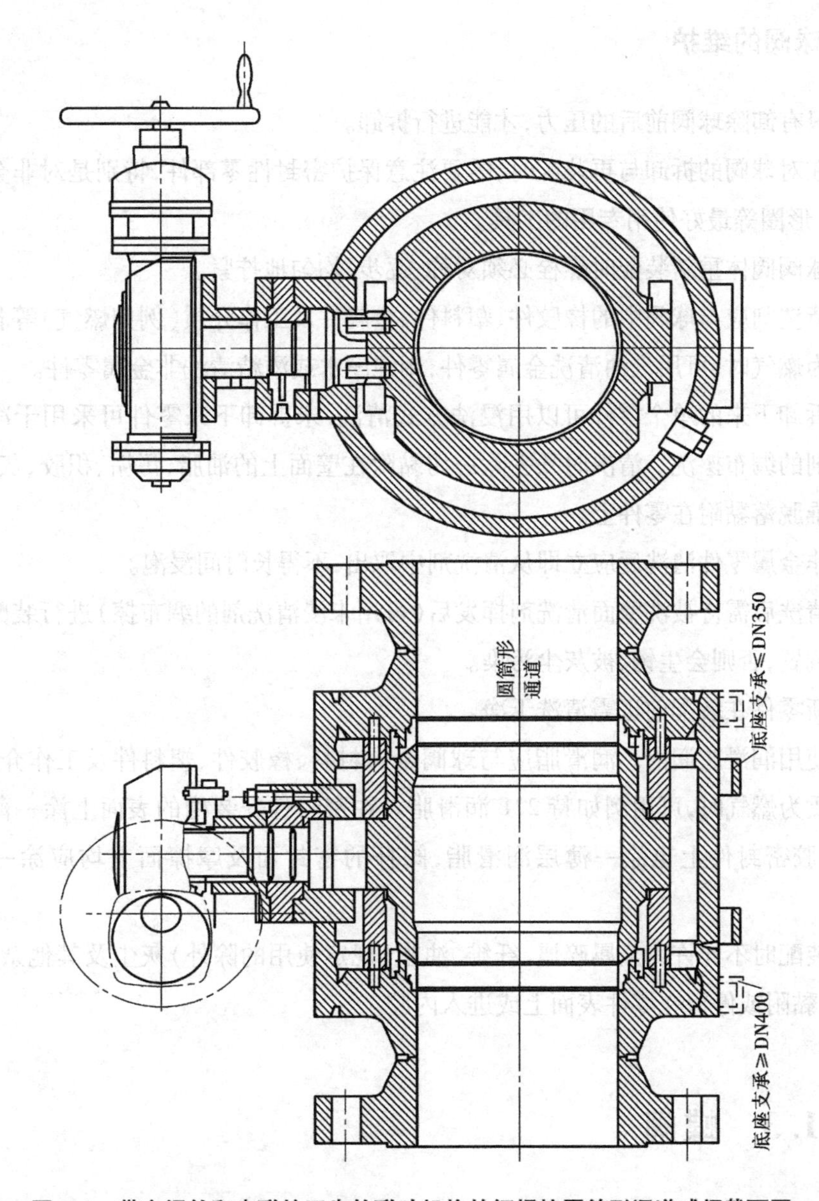

图 7.3　带有涡轮和串联的正齿轮联动机构的钢焊接圆筒形通道球阀截面图

⑤不受安装方向的限制,介质的流向可任意。

⑥无振动,噪声小。

3)球阀的维护

①只有卸除球阀前后的压力,才能进行拆卸。

②在对球阀的拆卸与再装配时,需要注意保护密封性零部件,特别是对非金属密封件,像O形圈等最好使用专用的工具。

③球阀阀体重新装配时螺栓必须对称、逐步、均匀地拧紧。

④清洗剂应与球阀中的橡胶件、塑料件、金属件及工作介质(例如燃气)等相容。工作介质为燃气时,可用汽油清洗金属零件,用纯净水或酒精清洗非金属零件。

⑤拆卸下来的单个零件可以用浸洗方式清洗,未拆卸下来零件可采用干净的浸渍有清洗剂的绸布擦洗。清洗时须去除一切黏附在壁面上的油脂、污垢、积胶、灰尘等;要避免纤维脱落黏附在零件上。

⑥非金属零件清洗后应立即从清洗剂中取出,不得长时间浸泡。

⑦清洗后需待被洗壁面清洗剂挥发后(可用未浸清洗剂的绸布擦)进行装配。不得长时间搁置,否则会生锈、被灰尘污染。

⑧新零件在装配前也需清洗干净。

⑨使用润滑脂润滑。润滑脂应与球阀金属材料、橡胶件、塑料件及工作介质相容。工作介质为燃气时,可用例如特221润滑脂。在密封件安装槽的表面上涂一薄层润滑脂,在橡胶密封件上也涂一薄层润滑脂,阀杆的密封面及摩擦面上均应涂一薄层润滑脂。

⑩装配时不允许有金属碎屑、纤维、油脂(规定使用的除外)灰尘及其他杂质、异物等污染、黏附或停留在零件表面上或进入内腔。

7.1.3 蝶阀

蝶阀又称翻板阀,在管道上主要起切断和节流作用。蝶阀启闭件是一个圆盘形的蝶板,在阀体内绕其自身的轴线旋转,从而达到启闭或调节的目的。蝶阀全开到全关通常是小于90°。

蝶阀的优点如下:

①启闭方便迅速、省力,流体阻力小,可以经常操作。

②结构简单,体积小,重量轻。

③低压下可以实现良好的密封。

④调节性能好。

蝶阀的缺点如下：

①使用压力和工作温度范围小。

②密封性较差。

7.2 过滤器

一般来讲，天然气是洁净的气体，但由于管道不干净或管道内腐蚀等原因，使燃气中的固体悬浮物很容易积存在调压器和安全阀内，妨碍阀芯和阀座的配合，破坏调压器和安全阀正常工作。因此，有必要在调压器出口处设置过滤器，以清除燃气中的固体悬浮物。

过滤器前后应设置压差计，根据测得的压力降可以判断过滤器的堵塞情况。在正常情况下，气体通过过滤器的压损小于 10 kPa；压损过大时，应拆下清洗。

7.2.1 过滤器的构造与工作原理

城镇燃气系统常用过滤器有填料式和离心式分离器两种。

1）填料式过滤器

这类过滤器有圆筒形、扁形、V 形、快开盲板式等，内部主要由不锈钢罩、过滤网等组成，它主要是通过过滤网滤掉燃气中的杂质和污物。

过滤器结构图 7.4 所示，气体自左侧进口进入过滤器筒体内，从滤芯外周通过滤芯上的空隙进入滤芯内腔，然后从右侧出口流出，被过滤气体中所含的固体微粒及液滴为滤芯网丝所挡滞留在滤芯之外，或粘在网丝上，或跌落至过滤器筒体底部。打开过滤器

底部的排污阀门,可将滞留在底部的尘粒或污泥排除。

2)离心式分离器

离心式分离器由筒体、锥形管、排污管和进出气管组成,如图7.5所示。

燃气由切线方向从进口管引入,在筒体中螺旋叶片作用下,作回转运动,由于气体和液体、固体质量的差异而产生不同的离心力,质量大的液、固体颗粒所受的离心力大,被甩向外圈,质量小的气体所受离心力小,处于内圈,而使二者分开。液、固体颗粒由于重力作用沿锥形管下降至排污管,燃气经分离器中间的出口管输出。此过滤器要求进口气体有较高的压力,才能推动叶片旋转到一定的速度,达到燃气和液、固颗粒分离的目的。

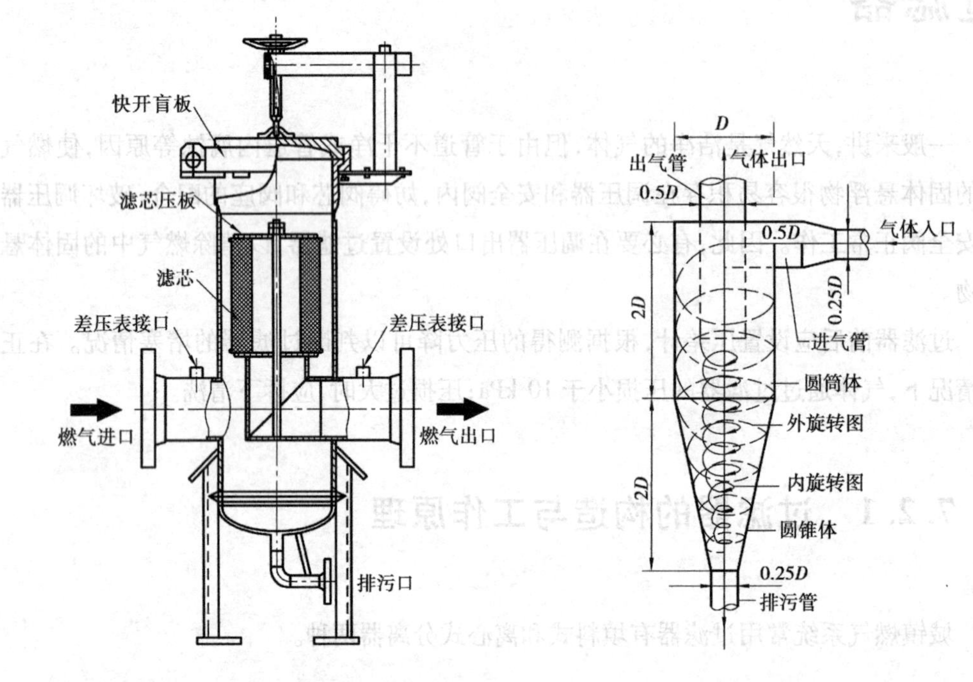

图7.4　快开式过滤器结构图　　　　图7.5　离心式过滤器

7.2.2　过滤器的使用与维护方法

①注意测试其前后压差是否正常,监听运行声音是否正常,检查有无漏气现象。

②在日常运行和巡检中,应注意观察、记录过滤器的前后压差,如压差超过允许值,

应及时进行检修。

③巡检过程中,注意检查过滤器的各连接部位和焊口等处有无漏气,零件有无损坏,发现问题及时排除或报告主管部门。

7.3 补偿器和保温设备

7.3.1 补偿器

调压装置常用轴向型内压式补偿器。图 7.6 为波形补偿器,它除了具有补偿作用外,还能调节在调压器拆装更换时所产生的长度差错,并能减少运行时的振动。

图 7.6 波形补偿器

7.3.2 保温设备

城镇用天然气是不含水分的,但由于施工或其他原因,使管道中有时存在水分。当冬季温度过低时,导致调压装置发生冻堵情况。为了防止冻堵现象出现,多数是采用伴热带进行加热。有时,在调压设备中也采用保温设备。常用保温设备有:保温带、保暖被等。

7.4
测量仪表

为了判断调压站中各种装置及设备工作是否正常,需设置各种测量仪表。通常调压器入口安装指示式压力计,出口安装自记式压力计,自动记录调压器出口瞬时压力,以便监视调压器的工作状态。专用调压站需设流量计。

调压站内测量压力的常用仪表有U形压力计弹簧压力表及压力自动记录仪。

7.4.1 *U*形压力计

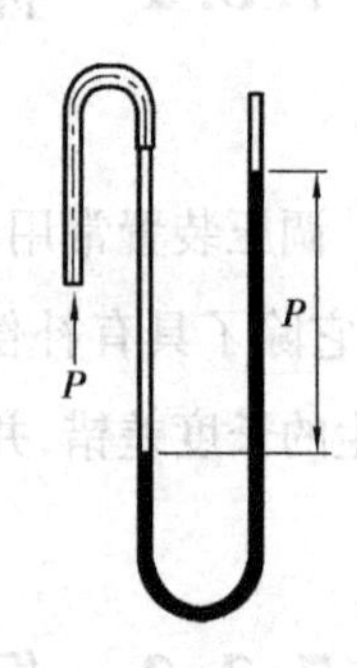

图7.7 U形压力计

U形压力计常用测压液体为水、汞等。如图7.7所示,它具有准确可靠的特点。

汞柱表用于测中压,水柱表用于测低压。

7.4.2 弹簧压力表

弹簧压力表如图7.8所示,它具有结构简单、坚固耐用,外形小,能直接读数等优点。

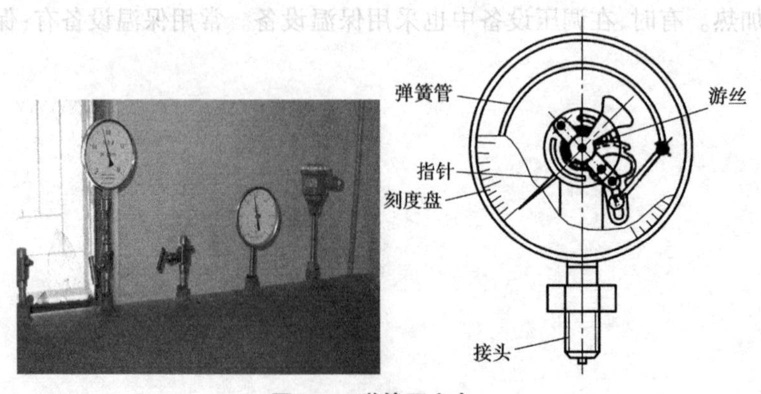

图7.8 弹簧压力表

选用压力表测量时，仪表的误差应小于或等于仪表量程的 0.5%，被测压力值应在仪表量程的 30% ~70% 范围内。

7.4.3 压力自动记录仪

用于记录调压后压力输出运行工况的仪表有两种：一种为低压自动记录仪，用于记录调压后压力输出运行工况；一种为中（高）压自动记录仪，它主要用于气源进入调压器前的工况记录。

图 7.9 自动压力记录仪

自动压力记录仪如图 7.9 所示，使用时应将机械钟发条旋紧，将记录纸对准笔尖所指的当时时间并固定；笔尖应加记录墨水；检查笔尖在无压力的情况下是否在零位，否则用调节螺钉调至零位后再与所测的压力测点连接。

自动压力记录仪记录在不同工况（输出压力）下的记录纸如图 7.10 ~7.13 所示。

不同品牌调压器出现运行故障的原因和处理方法不同，应用时参照所使用产品技术资料进行故障分析和排除。表 7.1 以活塞式 218 调压器为例，对其进行工况分析。

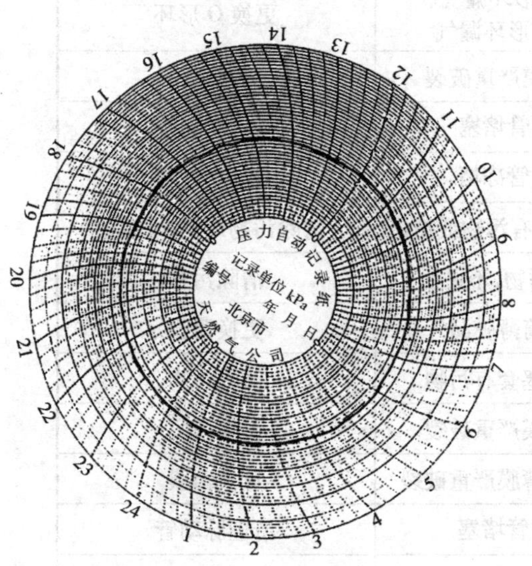

图 7.10 运行压力正常情况记录纸

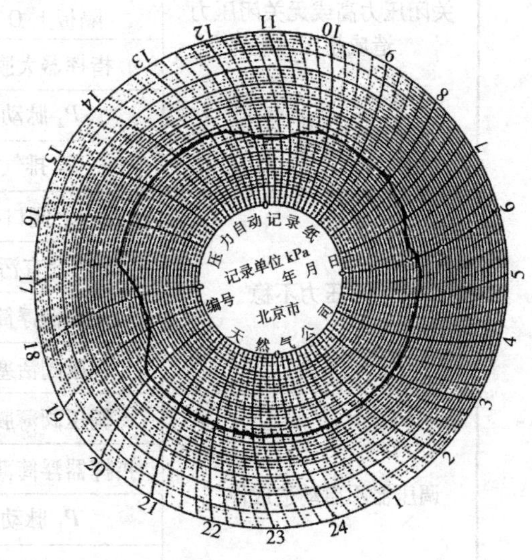

图 7.11 用气高峰时运行压力低情况记录纸

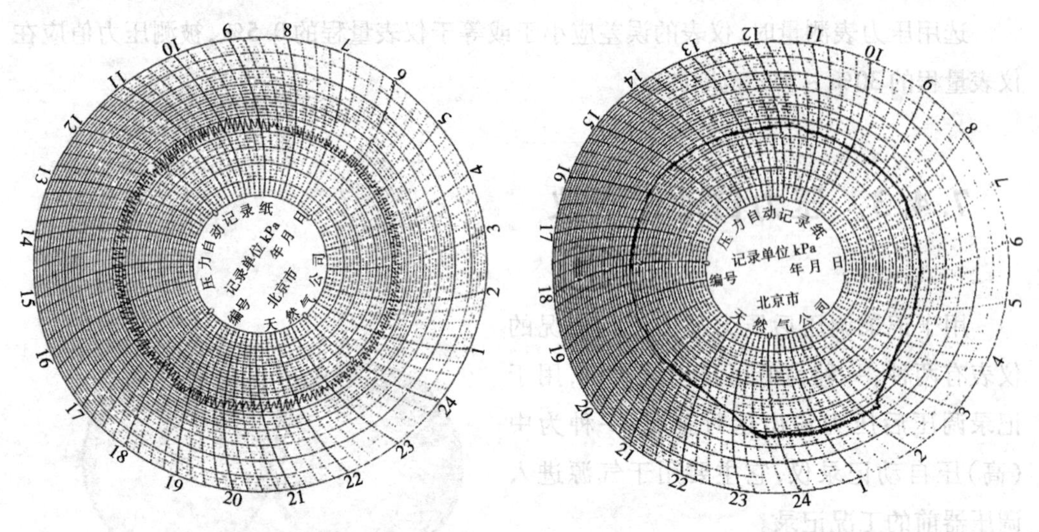

图 7.12　出口压力不稳并有放散时记录纸　　　图 7.13　调压器关闭压力高时记录纸

表 7.1　活塞式调压器常见故障及其处理方法

故障现象	原　因	处理方法
高峰压力低	P_1 供气压力不足	换大流量调压器或增加运行台
	P_1、P_3 脉动管堵塞	清理脉动管
	过滤器堵塞	检修过滤器
关闭压力高或无关闭压力造成超压送气	调压阀阀口有污物或损伤	清除污物更换阀口
	软密封阀垫变形	更换软密封垫
	活塞上 O 形环漏气、隔板上 O 形环漏气	更换 O 形环
	指挥器大膜严重破裂	更换大膜
	P_2 脉动管堵塞	清理脉动管
	P_3 排气管冻堵	清理排气管
出口压力不稳	指挥器下阀口有污物或损伤	清除污物或更换阀口
	浮筒套有污物，不灵活	清除污物
	指挥器浮筒薄膜漏气	更换薄膜
	调压阀活塞套有污物	清除污物
调压器不启动造成停气	调压阀薄膜严重破裂	更换薄膜
	指挥器浮筒薄膜严重破裂	更换薄膜
	P_1 脉动管堵塞	清理脉动管
	过滤器堵塞	检修过滤器

续表

故障现象	原　因	处理方法
负荷增加时指挥器排气不止	调压器隔板 O 形密封环损坏	更换 O 形环
	指挥器上阀口有污物或损伤	更换阀口或清洗污物
	指挥器薄膜漏气	更换薄膜

7.5 测量信号的远传系统

随着计算机技术的发展，在调压工艺中，可以将一些反应管网运行情况的数据远距离传送到调度自动化中心，让技术人员实时了解管网情况，在出现意外时，及时进行维护和远距离控制。远程监控可代替手工，准确性高并节省人力，能显著提高管理水平。多级环状管网中各调压站压力、流量状况的远程监控，能够为生产调度提供及时、准确、可靠的管网运行数据。厂(站)、阀室的可燃气体检测和火灾报警的远程监控，能够为安全供气提供保障。随着管网自动化水平的提高，阀门的开关、故障状态、巡线记录均可实现远程监控，能够大大提高管网运行的可靠性，实现调压系统无人值守。

门站、储配站以及阀室主要测量参数有：压力、流量、温度、气体组分、加臭量、阀门状态。调压室的测量仪表主要是压力表。有些厂(站)调压室及用户调压室还设置流量计。在过滤器后装指示式压力计，调压器出口装自动记录式压力计，可自动记录调压站出口瞬时压力，以监视调压器的工作状况。

7.5.1 实现信号上传的技术手段

随着微电子学和计算机技术的发展，各种通信网络和计算机网络为测量信号的远传提供了平台。当前，我国各大燃气公司均已建立了数据采集与监控系统(Supervisory

Control And Data Acquisition,SCADA)。SCADA 系统的组成一般包括:控制中心、通信网络、远端站及现场仪表。从功能上讲,先进的SCADA 系统一般至少包括以下两个方面:从系统中取得信息,反馈运行的情况。

1)远端站及现场仪表

如不能取得现场的信息数据,燃气系统的运行是不可能的。有的远端站仅用于收集信息以备进一步传送。有的远端站(门站、储配站、调压站)只能处理有限数量的数据,如展示阀门的位置、阀门的指令、压力、温度。这类远端站应提供如下接口:

(1)可直接从现场仪表中获得数据;

(2)从第三方设备(如流量计算机)中获得数据;

(3)其他遥测站。

另外,还有程序逻辑控制器,它可以执行启动和关闭顺序,可以实施远端自动控制,最复杂的一种可以控制整个燃气站。这是燃气系统运行的发展方向。

2)通信网络

除远端站及现场仪表外,通信网络也是SCADA 系统必须考虑的主要因素。

远程通信网络使控制中心和远端站之间通信,是SCADA 系统实现远程监控功能所必需的数据传输通道。有线类型主要有:公用电话网络、租用电话专线、自用电缆线路、自用光纤线路;无线类型主要有:无线电频率、专用无线通信、微波通信、卫星通信。

近年来无线电的通信联系已经十分普遍,与其他通信媒体相比有许多优点,如:即使不能直接,也可利用信息转接达到任何位置;安装容易;可利用已有的无线电网络;短期可修复;系统易于扩大或再配置;价格也可以接受等。

最后究竟选择何种通信方式取决于地方通信媒体的效率和经济因素。但影响整个燃气系统运行的现场至少应有两个系列的插孔,保证能畅通无阻。

3)控制中心

计算机控制系统已成为燃气管网运行系统的核心,其主要任务是从现场收集信息以行使管理功能。系统必须能随时提供实时的数据,数据又易于取出和观察。总之,应能向运行人员提供整个系统当前活动的所有信息。

7.5.2 应用举例

为实现对北京市燃气输配管网及站点参数和设施的监控,平衡管网供需,保证燃气输配管网正常运行及向用户安全供气,北京燃气集团建设一套新的数据采集和监控系统,于2004年9月正式投入运行。系统采用数字数据网(DDN)和无线或网络交换系统(ISDN)互为备用的通讯方式;模块化结构具有完备的自动检测和诊断功能,增强了系统的可维护性。

实现远程数据的采集、处理、存储、分析,以及工艺流程显示、报表打印等功能;通过遥信、遥测、遥控等手段,对厂站、调压站调压器进行开环控制,以及对厂站部分阀门遥控、遥调的局部闭环控制;远程计量的实现,能对厂站、超/高/中压调压站的进口的瞬时、累计流量进行测量;利用地理信息系统、管网仿真及耗气预测等辅助系统,优化调度、平衡供气、快速抢修,从而节约成本,提高管理水平。更多的调度自动化知识,参见本系列教材《调度自动化知识》。

7.6 安全装置系统

当负荷为零而调压器阀口关闭不严,或调压系统失灵时,出口压力会突然增高,对设备的正常工作、公共安全造成危害。

防止出口压力过高的安全装置有安全阀、监视器装置和调压器并联装置。

7.6.1 安全放散阀

安全阀工作时把足够数量的燃气放散到大气中,使出口压力恢复到规定的允许范

围内。安全阀分为水封式、弹簧式等形式。

1)水封安全阀

水封式安全阀结构简单、安全可靠,一般是中—低压调压站常用的安全装置。水封式安全装置的构造由桶体、水位测压管进口管及放散管组成,如图7.14、图7.15所示。

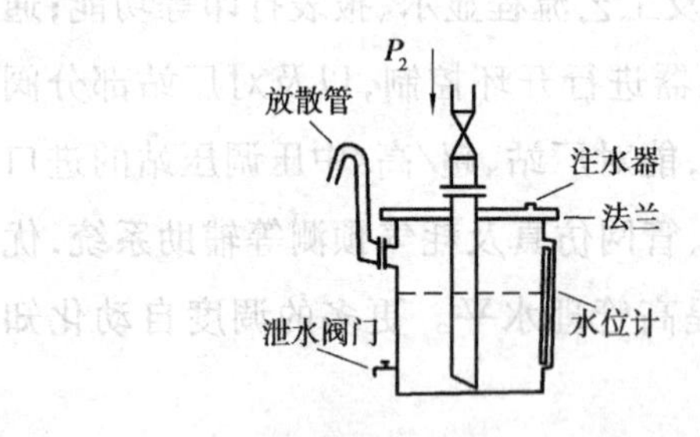

图7.14 水封式安全装置

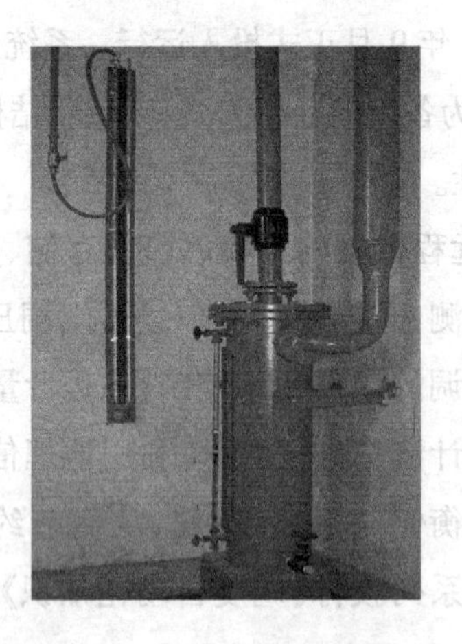

图7.15 水封放散安装图

水封式安全装置的缺点是体积较大,需经常检查液位,随时增减水量,以保持设定的放散压力。

知识拓展

水封式安全装置的使用与维护方法:

使用:水封的液位高度应符合要求。

日常调压站巡检工作中,应同时记录水封的液位,检查有否漏气现象,并注意检查阀门连接,平时此阀门应保持开启状态。

维护:每天对调压站巡检中,如发现水封漏气应及时排除,如发现漏液也应进行修理排除,并应及时添加水封液体,使之达到规定高度。在零摄氏度以下的调压间应加入防冻液。

在对调压站进行大修时,应同时更换水封失灵部件,清除锈污,涂刷防锈底漆和面漆防腐。

对调压站作小修或保养时,应同时对水封的连接阀、液位阀加润滑油。

2)弹簧式安全阀

当调压器出口压力上升并超过弹簧使用力时,阀口即开启,燃气经放散管排入大气中。放散压力的大小取决于弹簧设定值。弹簧式安全阀适宜安装在高—中压、中—低压调压站。图7.16所示为弹簧式安全放散阀截面结构。

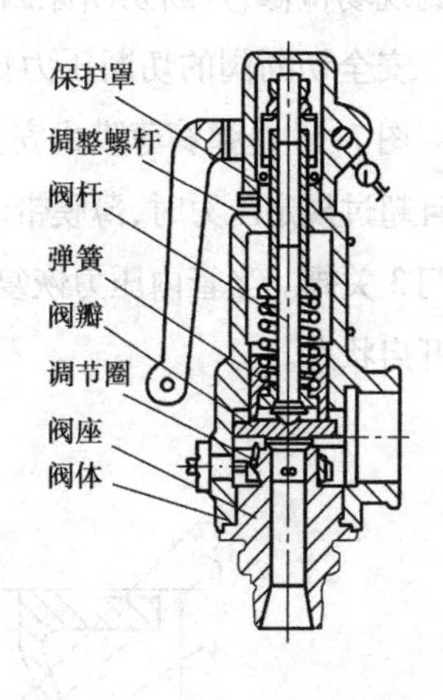

图7.16 弹簧式安全放散阀

3)弹簧薄膜式安全放散阀

该阀工作原理类似于直接作用式调压器。当调压系统出口压力达到放散压力,则可以克服放散阀薄膜另一侧的弹簧力,打开阀口进行放散。当压力恢复正常后,放散阀自动关闭。放散压力的大小是通过弹簧设定的。图7.17所示为薄膜式安全放散阀结构截面。

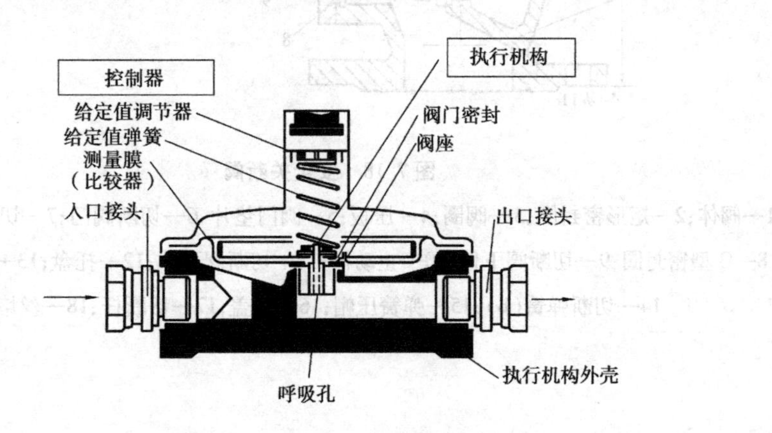

图7.17 薄膜式安全放散阀

7.6.2 安全切断阀

安全切断阀的功能是当安全放散阀启动后,仍不能将燃气压力降为正常压力,甚至压力继续升高,这时应将燃气切断。所以,切断阀安装在调压器的前方,而取压管连接在调压器的出口处。

当出口压力过高或过低均应自动关闭切断阀。安全切断阀切断后,专业技术人员应到现场检修,判断切断原因并排除故障,确认无误后手动复位。

安全切断阀的切断压力比安全放散压力略高。一般取为放散压力的1.1~1.2倍。

图7.18是弹簧薄膜式安全切断阀的结构原理图。正常情况下,阀门打开,当压力上升且超过规定压力时,薄膜带动切断杆17上升与止动杆10脱钩,此时在弹簧7的作用下阀门3关阀。当管内压力恢复正常时,拉止动杆10,并按下复位螺钉 B_6,即可使切断阀恢复开启状态。

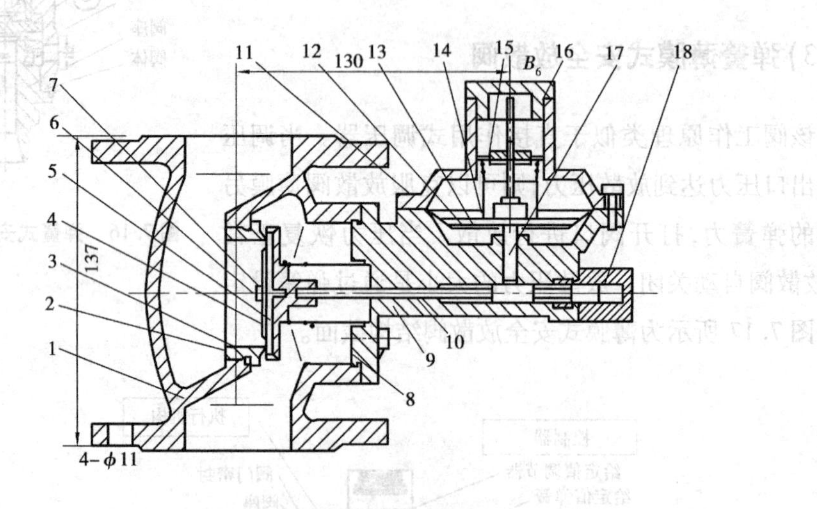

图7.18　安全关断阀

1—阀体;2—矩形密封圈;3—阀圈;4—压板;5—阀门垫片;6—切断阀门;7—切断弹簧(a);8—O型密封圈;9—切断阀下体;10—止动杆;11—切断阀下体;12—托盘;13—切断皮膜;14—切断弹簧(b);15—弹簧压帽;16—顶盖;17—切断杆;18—丝堵

7.6.3 具有安全功能的工艺

1)监控器装置

监控器装置由两个调压器串联连接,起监视作用。其连接如图 7.19 所示。

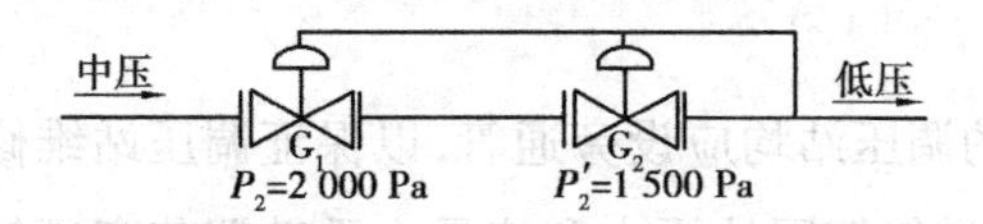

图 7.19　调压器串联安全装置

调压器 G_2 为工作台,G_1 为起监控作用的调压器。调压器 G_1 的给定出口压力略高于正常工作压力的调压器 G_2。当调压器 G_2 正常工作时,调压器 G_1 的调节阀是处于全开状态。当调压器 G_2 发生事故,出口压力升高,达到调压器 G_1 设定压力时,调压器 G_1 开始工作,将压力维持在 G_1 的设定压力,使出口压力不再增高。

2)调压器并联安全装置

调压器并联安全装置由两个调压器及一个安全切断阀组成,如图 7.20 所示。

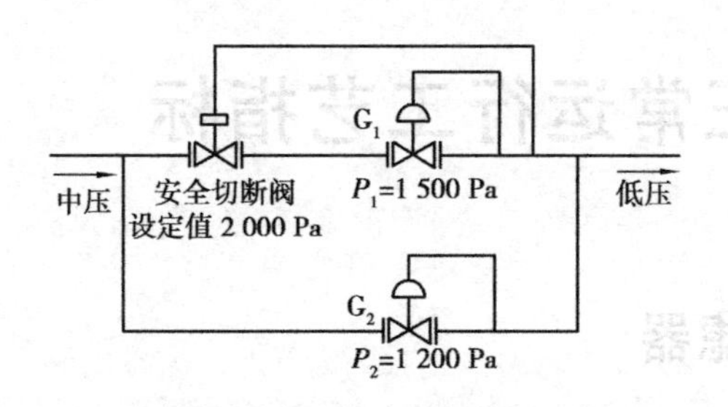

图 7.20　调压器并联安全装置

当调压器系统运行时,调压器 G_1 正常工作,调压器 G_2 为备用。当正常工作的调压器 G_1 发生故障,压力达到设定压力值(如 2 000 Pa)时,安全切断阀自动切断,调压器 G_1 停止工作,出口压力下降,当降到 G_2 设定的压力时,G_2 即开始工作,使压力维持在 G_2 设定压力(如 1 200 Pa)。

7.7 旁通管

凡不能间断供气的调压站均应设旁通管,以保证调压站维修时继续供气。燃气通过旁通管供给用户时,燃气管网的压力和流量由手动调节帝通管上的阀门来控制。对于高压调压装置,为了便于调节,通常在旁通管上设置两道阀门,中压调压装置通常只设一道阀门。

旁通管的管径应根据该调压站燃气最低进口压力、所需出口压力和调压站最大出口流量确定。旁通管管径通常比调压器出口管的管径小 2 ~3 号。为了防止噪声和振动,旁通管的最小管径应不小于 DN50。在正常运行时,旁通管上的阀门应全部关闭。

7.8 附属设备正常运行工艺指标

7.8.1 过滤器

过滤器的功能是过滤燃气中的固体杂质。所以,当运行一定时间后,过滤器会被堵塞。

过滤器前后装有压差表,通过表上的读数判断过滤器堵塞程度。

当调压装置进口压力大于 0.2 MPa 时,过滤器的允许压力损失(上限值)为 10 kPa。当超出这一数值时,应对过滤器进行清理。

当调压装置进口压力小于等于 0.2 MPa,过滤器允许压力损失(上限值)为 5 kPa。

当超出这一数值时，应对过滤器进行清理。

7.8.2 安全放散阀

安全放散阀的功能是将超出调压装置出口压力正常范围的燃气排放到大气中。放散压力不可设定太低，如果设定的过低，放散阀会经常启动。放散压力也不可设定太高，设定过高会对下游管道和设备造成危害。

调压装置的各种放散压力应为工作压力的1.3或1.4倍。放散管管口应高出调压站屋檐1.5 m以上。

学习鉴定

1. 填空题

(1)调压装置附属设备主要包括：______、安全切断阀、安全放散阀、______、补偿器、________、旁通管等。

(2)用于调压装置中的阀门要求________、________。

(3)常用U型压力表有______表和______表。

2. 选择题

(1)当调压装置进口压力大于0.2 MPa时，过滤器的压力损失超过(　　)，应对过滤器进行清理。当调压装置进口压力小于等于0.2 MPa，过滤器压力损失超过(　　)，应对过滤器进行清理。

A. 10 kPa　　B. 5 kPa　　C. 20 kPa　　D. 15 kPa

(2)安全放散阀的放散压力设定为(　　)倍的工作压力。

A. 1.1　　B. 1.2　　C. 1.3　　D. 1.6

(3)安全切断阀的切断压力是安全放散压力的(　　)倍

A. 0.5 ~ 1.0　　B. 1.5 ~ 2.0　　C. 2.5 ~ 3.0　　D. 1.1 ~ 1.2

3. 问答题

(1) 试说明球阀、闸板阀、蝶阀的特点。

(2) 试说明调压器串、并联的工艺过程及如何起到安全作用。

8 燃气调压设备消音

核心知识

- 声音、噪声基本知识
- 噪声产生的原因
- 调压器噪声治理方法

学习目标

- 了解声音和噪音的基本知识
- 了解噪声的治理方法

燃气调压装置会产生高强度的噪声(在离燃气调压装置出口约 1 m 处测得的噪声可达 130 dB 左右),会给人们造成精神和身体上的伤害。同时,噪声还常常同剧烈的振动联系在一起,危及装置的可靠性。因此,我们应了解噪声的产生原因和消除方法。

8.1 声音和噪声的基本知识

首先,先让我们了解一些有关噪音的基本知识。

8.1.1 噪声及其危害性

振动频率 20~20 000 Hz 的波源,在弹性媒质中因激起纵波传播到我们的听觉器官时,可以让我们听到声音。在这个频率内振动激起的纵波就是声波。

频率低于 20 Hz 的机械波称为次声波,高于 20 000 Hz 的机械波称为超声波,这两种波我们都不能听到,只应用于工程技术上。

从物理学上讲,噪声是指声强和频率均无规律、杂乱无章的声音,是一种紊乱、断续或统计学上随机的声音振荡。从心理学上讲,噪声是一种具有干扰、破坏作用的声音,是人们讨厌的声音。

噪声的危害主要体现在如下几个方面。

1)噪声影响听力

噪声对听力的影响与噪声的强度、频率及受影响时间长短等因素有关。强度越大,频率越高,作用时间越长,危害就越大。轻者是听力减弱,重者则听力丧失,耳聋,甚至使耳鼓膜破裂。噪声的暂时性作用是使听觉疲劳,使皮质层器官毛细胞受到暂时性伤害,如果在安静的环境中经过一段时间休息,是能恢复过来的。如果受到强噪声的影响,例如,在 85 dB(A)的环境下长期工作,听力就会越来越坏,不但疲劳不能恢复,而且越来越严重而导致永久性的听力丧失——噪声性耳聋。声压级高于 130 dB(A)的噪声能把耳膜击穿,应当避免。

2)噪声影响工作和思考

在较强的噪声环境中工作,人们心情烦乱,工作效率低,容易疲劳,反应迟钝;人与人的交谈受到影响,听不清对方的要求和意图,容易出差错。对于体力劳动者,噪声分散人们的注意力,容易出安全事故。脑力劳动者都要求精神高度集中,而噪声起了破坏作用。

3)噪声对人体的其他伤害

长期的噪声作用会对人的神经系统产生不同程度的危害,主要表现为头痛、头晕、多梦、乏力、记忆力衰退,有时还会感到恶心和心跳加速。

噪声影响睡眠。如果噪声是连续的,可以加快由深睡到轻睡的回转,减少熟睡的时间。

如果噪声很突然,会被惊醒。如果经常受到噪声干扰,就会因睡眠不足而无精打采,甚至造成神经衰弱等病症。

噪声还影响人的中枢神经系统,导致胃肠机能阻滞,消化不良,胃液酸度降低,食欲不振。

8.1.2 噪声的允许标准

人们不可能完全避免受到噪声的影响,为此,各国都制定了限制噪音的法令。

我国《工业企业噪声卫生标准》规定了允许的噪声标准,见表 8.1 和表 8.2。

表 8.1 新建、扩建、改建企业允许噪声标准

每个工作日接触噪音时间/h	允许噪音/dB(A)
8	85
4	88
2	91
1	94
最高不得超过 115 dB(A)	

表 8.2 现有企业暂时允许的噪声标准

每个工作日接触噪音时间/h	允许噪音/dB(A)
8	90
4	93
2	96
1	99
最高不得超过 115 dB(A)	

如果对调压器选型不妥或者使用不当,会使噪声高达 110 dB(A)以上,在许多工作场合,如果不选用低噪声调节阀,或者不采取有效的措施,噪声也常常超过 90 dB(A)。噪声标准是指在调压器安装位置的下游 1 m,或距离管道壁 1 m 处的分贝数。

8.2 调压器产生噪声的原因

调压器产生噪声的类型有两种:机械噪声和气体动力噪声。

8.2.1 机械噪声

调节系统中,调节阀产生的机械噪声主要来自阀芯、阀杆和一些可以活动的零件。或者由于受流体压力波动的影响,或者受到流体的冲击,或者由于套筒侧缘和阀体导向装置之间较大的间隙,都会导致零件的振动。例如,阀芯、阀座之间的碰撞。如果零件之间存在间隙,即使不传递力,振动作用也会产生摩擦和碰击。这些碰撞都是刚性碰撞,产生的声音是明显的金属响声和敲击声。碰撞所激发的噪声是连续声谱,有较宽的频率范围。噪声的幅值的大小由碰撞的能量、振动体的质量、刚度情况所决定。这种振动频率一般小于 1 500 Hz。

在机械噪声中,会产生一种干摩擦声。当相互作用的两个表面(例如阀芯与阀座)产生相对运动时,一个表面对另一个表面所产生的阻滞作用,就是摩擦作用。由于表面微凸体的互相嵌入和分子的凝聚,引起表面之间的黏附作用,既损耗能量,也使表面磨损,导致零件发热、塑变、振动和噪声。干摩擦产生振动所发出的噪声是高频率噪声,听起来尖锐刺耳,让人难受。如果在两个摩擦表面中有良好的润滑,提高表面光洁度及几何精度,就可以减小摩擦。机械部分所引起的噪声,目前还难以预估。但是,这种噪音一旦发生,可以用仪器在现场测定。减小机械噪声的方法主要是改进阀门本身结构,特别是阀芯、阀座结构和导向部分的结构,提高刚度,减小可动构件的质量。

8.2.2 气体动力噪声

气体动力噪声是气体流过节流孔而产生的。气体是可压缩流体,当其经调节阀时,在节流截面最小处可能达到或超过声音速度,这就形成冲击波、喷射流、旋涡流等凌乱的流体,这种流体在节流孔的下游转换成热能,同时产生气体动力噪声,并沿着下游管道传送到各处,严重时将因其振动过大而破坏管道系统。

8.3 调压器噪声的治理

调压器的噪声可以用声源处理法或声路处理法来进行治理。

8.3.1 声源处理法

流体流过调节阀所产生的噪声级和很多参数有关。压差和速度的影响最大,速度越高,噪声越大;压差越大,噪声越大。当然,流量系数、直径、壁厚、温度等因素都会产生影响。

较新式的大流量的调压器设计为流线型，使得在调解机构的出口仅产生少量的涡流，或者预先对设备作了考虑，防止大的湍流团流经调解机构。

图 8.1 示出了附加在燃气调压器内的分流器。使用一个这样的分流器，在燃气调压器内流量达到 100 000 m^3/h 时，可使声级下降到 103 dB。

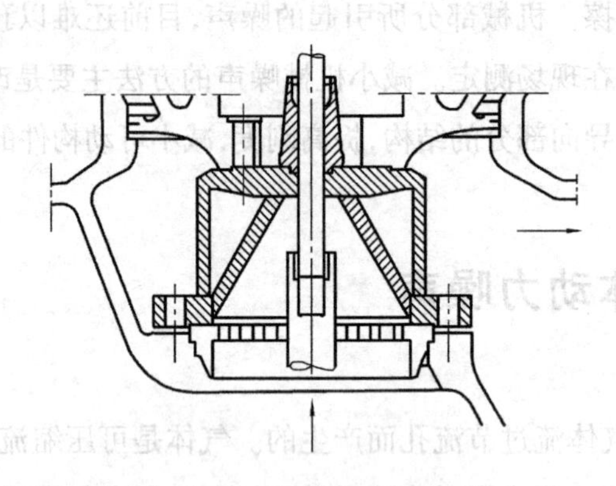

图 8.1　可直接安装在燃气调压器调节阀上的分流器断面图

8.3.2　声路处理法

在声路处理中，要考虑的因素有距离、传送损失、消耗和速度。距离声源的路程越远，噪声越小。一般可以认为声压级的减少与距离成线性关系。声路的传送损失越大，噪声越弱。声音在碰到管壁、隔音材料、障碍物之后有了声能损失，这种损失削减了部分噪声。所谓消耗，就是人为地利用一些消声器、扩散器之类的器件来减弱冲击波并消耗声能。

增加管壁的厚度，能降低噪声。例如，将调节阀下游的管道加厚，管壁号由 40 改为 80，能降低噪声 4 ~8 dB(A)。

还可以使用管道消音器，其作用在于声吸收、声反射或共振。图 8.2 是安装在燃气调压装置的输出压力侧的吸收—衰减柱和消音罩的特殊消音器。这种消音器可消音约 20 dB。

图 8.2　装在燃气调压段输出端的吸收—衰减柱和消音罩的消音器

学习鉴定

填空题

(1)频率低于 20 Hz 的机械波称为________,高于 20 000 Hz 的机械波称为________,这两种波我们的耳朵都________听到,只应用于工程技术上。

(2)噪音的治理方法有________处理法和________处理法。

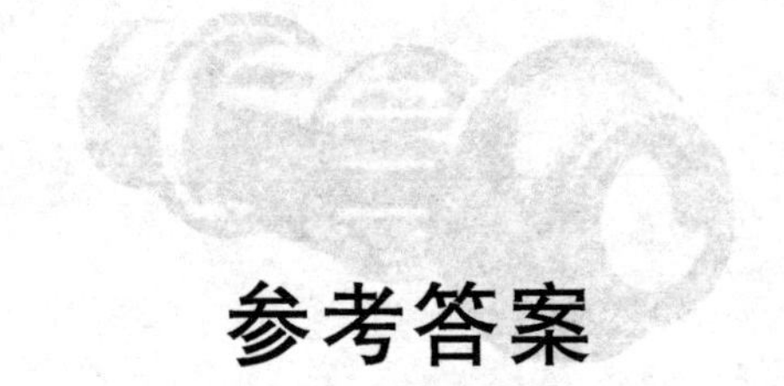

参考答案

第1章

1)填空题

题号	答 案	题号	答 案
(1)	力,流动性	(3)	相对,绝对
(2)	气体和液体		

2)选择题

题号	(1)	(2)							
答案	B	D							

3)问答题

略。

4)计算题

2 公斤压力,1 500 mmHg

第 2 章

1）填空题

题号	答　案	题号	答　案
(1)	人工复位型,启动压力	(3)	0.4 MPa
(2)	降温	(4)	过滤

2）问答题

参见“2.4.3 调压装置布置原则”内容。

3）画图题

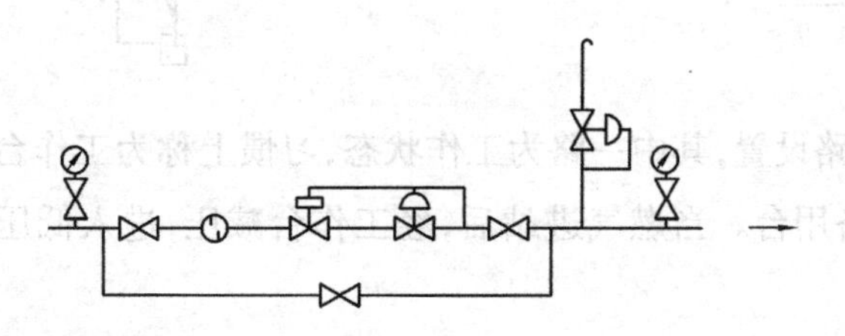

第 3 章

1）填空题

题号	答　案	题号	答　案
(1)	门站,供气干管,城市输配管线	(3)	大小,方向,升高,降低
(2)	附加压力,压力稳定,安全性	(4)	80 ℃

2）问答题

(1)调压、计量、加臭。

(2)工作原理是:超声波在流动的流体中传播时,截止流体流速的信息,通过对接收的超声波进行测量，就可以检测出流体的流速，从而换算成流量。

3）画图题

（1）

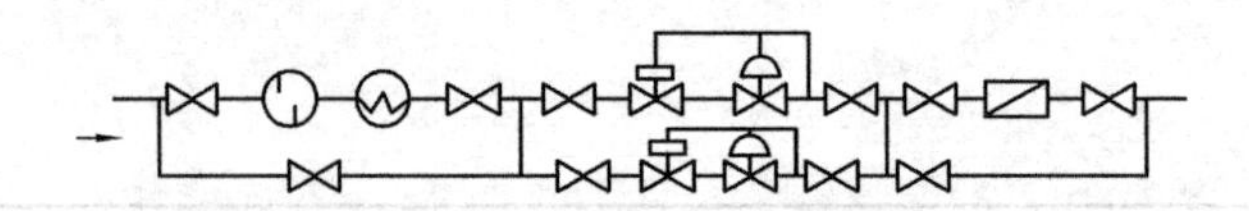

燃气经过滤和加热后进入工作调压器减压，在通过计量，进入下游。

（2）中低压调压站工艺流程图：

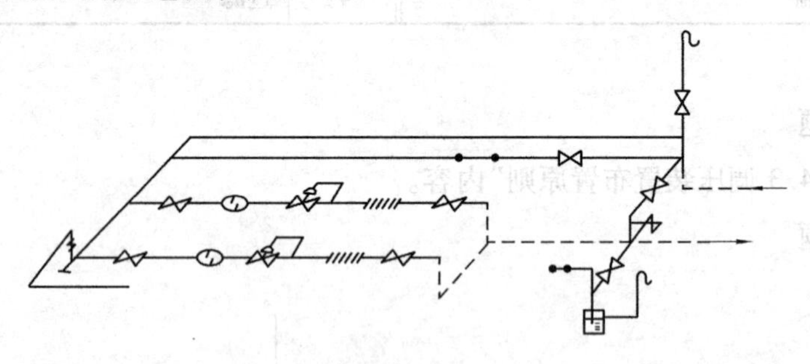

调压站采用两路设置，其中一路为工作状态，习惯上称为工作台。另一路处于备用状态，习惯上称为备用台。当燃气进站后，经工作台减压，进入低压管网。此流程采用水封安全放散阀。

第 4 章

问答题

调节器将敏感元件反映的压力测量值与要求出口值进行比较和运算，用以控制执行机构和调节阀，使流入下游的流量与下游用量自动地保持平衡，以实现压力的自动调节。

第5章

1)填空题

题号	答案	题号	答案
(1)	降压,稳定出口压力	(3)	感应装置
(2)	前燃气管道的最低压力,后燃气管道需要的压力	(4)	进口压力,出口压力

2)单选题

题号	(1)	(2)								
答案	C	B								

3)问答题

(1)进口压力和流量的变化量。

(2)单座阀:体积小、关闭性能好;介质对阀芯推力大,较适合于低压差场合。

双座阀:流体作用在上、下阀芯上的不平衡力可以互相抵消,因此平衡力小,允许压差大;阀门完全关闭时泄漏量较大,双阀座关闭性能不好。

(3)调压器进口压力 P_1 经过外部指挥器供气信号管进入指挥器内部;它被用于指挥器的进气压力。指挥器控制弹簧的设定值用于确定降低的调压器出口压力 P_2。

在运行当中,假定出口压力 P_2 小于指挥器控制弹簧的设定值,指挥器控制弹簧的弹力将克服出口压力 P_2 作用在底部膜片上的压力。弹簧推动指挥器膜片压盘及轭架装置离开中继阀座,打开中继阀口,这样可提供增加的负载压力作用到主阀大膜上。当这个增加的负载压力 P_3 超过 P_2 和主阀弹簧提供的弹力之和时,主阀大膜将(带动套筒)被推离固定阀头。节流套筒和固定阀头之间的阀口将加宽,这样所需的气量就可以供应到下游系统。

第6章

问答题

(1)按用途和供应对象分为:区域调压器、专用调压器、用户调压器;按作用原理分为直接作用式和间接作用式两种。详细解释略。

(2)国产调压器的命名规则:

①产品型号分成两节,中间用"—"隔开。

②第一节前两位符号"RT"代表城镇燃气调压器,第三位代表工作原理:"Z"为直接作用式,"J"为间接作用式。

③第二节第一位数字代表调压器公称尺寸,第二位数字表示调压器进口压力,第三位代表自定义号。

例如:RTZ—150/0.4A　表示直接作用式调压器,公称直径 DN150,最大进口压力为0.4 MPa,自定义号位 A。

(3)最大流量:在规定的设定压力下,针对一定的进口压力,能保证给定稳压精度等级的最大流量中的最小者,可有最大进口压力下的最大流量、最小进口压力下的最大流量和最大和最小进口压力间的某一压力下的最大流量。

最小流量:在规定的设定压力下,针对一定的进口压力,能保证给定稳压精度等级的最小流量和静态工作的最小流量中的最大者,可有最大进口压力下的最小流量、最小进口压力下的最小流量和最大和最小进口压力间的某一压力下的最小流量。

关闭压力等级:实际关闭压力与设定压力比值的最大允许值乘以100。

(4)产品型号和名称、公称尺寸、工作介质、进口压力范围、设定压力、燃气流动方向阀体上用箭头永久性标识。

第7章

1)填空题

题号	答　案	题号	答　案
(1)	阀门,过滤器,测量仪表	(3)	水柱、汞柱
(2)	关闭严密,灵敏度高		

2)单选题

题号	(1)	(2)	(3)								
答案	A,B	C	D								

3)问答题

(1)闸板阀的特点:全开时整个流道全通,介质流过的压力损失小,通常适用于不需要经常启闭,而且保持闸板全开或全闭的工况,较不适用于作为调节或节流使用。

球阀的优点:适用于经常操作,启闭迅速、轻便;流体阻力小;结构简单,相对体积小,重量轻,便于维修;密封性能好;不受安装方向的限制,介质的流向可任意;无振动,噪声小。

蝶阀的优点:启闭方便迅速、省力、流体阻力小,可以经常操作;结构简单,体积小,重量轻;低压下,可以实现良好的密封;调节性能好。缺点:使用压力和工作温度范围小;密封性较差。

(2)①调压器串联安全装置

由两个调压器串联联接,起监视作用。其连接如下图:

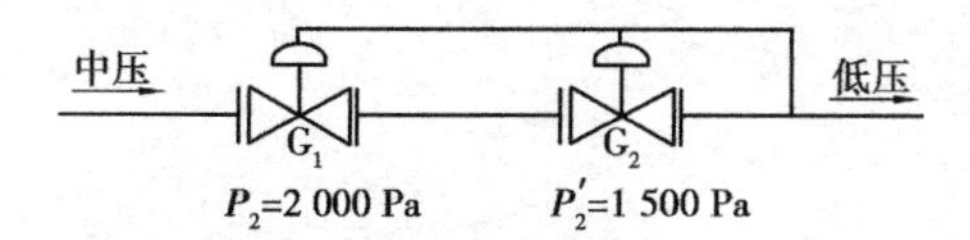

调压器 G_2 为工作台,G_1 为起监控作用的调压器。调压器 G_1 的给定出口压力略高于正常工作压力的调压器 G_2。当调压器 G_2 正常工作时,调压器 G_1 的调节阀是处于全开状态。当调压器 G_2 发生事故,出口压力升高,达到调压器 G_1 设定压力时,调压器 G_1 开始工作,将压力维持在 G_1 的设定压力,使出口压力不再增高。

②调压器并联安全装置

由两个调压器及一个安全切断阀组成。其连接如下图:

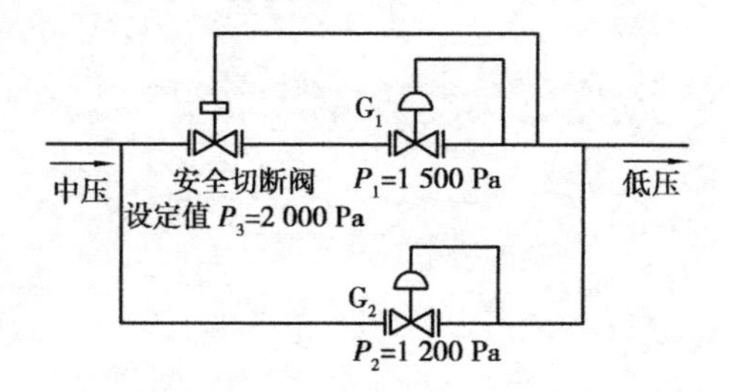

当调压器系统运行时,调压器 G_1 正常工作,调压器 G_2 为备用。当正常工作的调压

器 G_1 发生故障,压力达到设定压力值(如 2 000 Pa)时,安全切断阀自动切断,调压器 G_1 停止工作,出口压力下降,当降到 G_2 设定的压力时,G_2 即开始工作,使压力维持在 G_2 设定压力(如 1 200 Pa)。

第 8 章

1)填空题

题号	答 案	题号	答 案
(1)	次声波,超声波,不能	(2)	声源,声路

参考文献

[1] 段常贵. 燃气输配[M]. 3 版. 北京:中国建筑工业出版社,2001.
[2] 郑安涛. 燃气调压工艺学[M]. 上海:上海科学技术出版社,1991.
[3] 江孝禔. 城镇燃气与热能供应[M]. 北京:中国石化出版社,2006.
[4] 严铭卿,等. 天然气输配技术[M]. 北京:化学工业出版社,2006.
[5] 戴路. 燃气供应与安全管理[M]. 北京:中国建筑工业出版社,2008.
[6] 严铭卿,等. 天然气输配工程[M]. 北京:中国建筑工业出版社,2005.
[7] 梁平. 天然气操作与安全管理[M]. 北京:化学工业出版社,2006.
[8] 吴国熙. 调节阀使用与维修[M]. 北京:化学工业出版社,2001.
[9] 西安冶金学院,同济大学. 热工测量与自动调节[M]. 北京:中国建筑工业出版社,1985.
[10] 流体力学泵与分机[M]. 北京:中国建筑工业出版社,1985.
[11] 奥林. 弗拉尼根. 储气库的设计与实施[M]. 张守良,等,译. 北京:石油工业出版社,2004.
[12] 李猷嘉. 燃气输配系统的设计与实践[M]. 北京:中国建筑工业出版社,2007.
[13] 吴明,孙万富,周诗岽. 油气储运自动化[M]. 北京:化学工业出版社,2006.
[14] 中华人民共和国国家标准. 城镇燃气设计规范(GB 50028—2006)[S]. 中国建筑工业出版社,2006.
[15] 中华人民共和国城镇建设行业标准. 城镇燃气调压器(CJ 274—2008)[S]. 中国标准出版社,2009.
[16] 杨铮. IC 卡燃气表的现状和发展趋势[J]. 城市燃气,2007(1):20-23.
[17] 杨有涛,徐英华,王子钢. 气体流量计[M]. 北京:中国计量出版社,2007.
[18] 周庆,R. Haag,王磊. 实用流量仪表的原理及其应用[M]. 2 版. 北京:国防工业出版社,2008.